JN312553

バイオロジカル・コントロール
―害虫管理と天敵の生物学―

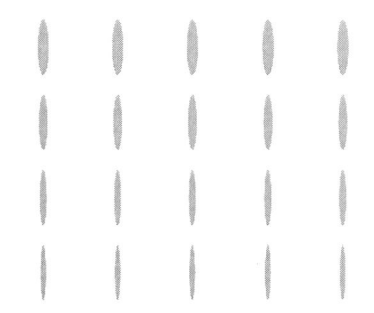

仲井まどか　大野和朗　田中利治
編

朝倉書店

■編集者
仲井まどか　東京農工大学大学院共生科学技術研究院・准教授
大野和朗　宮崎大学農学部食料生産科学科・准教授
田中利治　名古屋大学大学院生命農学研究科・教授

■執筆者（五十音順）
浅野眞一郎　北海道大学大学院農学院・准教授
岩野秀俊　日本大学生物資源科学部植物資源科学科・教授
上野高敏　九州大学大学院農学研究院・准教授
大野和朗　宮崎大学農学部食料生産科学科・准教授
戒能洋一　筑波大学大学院生命環境科学研究科・准教授
清水　進　九州大学大学院農学研究院・教授
髙木正見　九州大学大学院農学研究院・教授
髙須啓志　九州大学大学院農学研究院・准教授
田中利治　名古屋大学大学院生命農学研究科・教授
仲井まどか　東京農工大学大学院共生科学技術研究院・准教授
仲島義貴　帯広畜産大学畜産生命科学研究部門・准教授
新島恵子　玉川大学農学部生物資源学科・教授
矢野栄二　近畿大学農学部農業生産科学科・教授
吉賀豊司　佐賀大学農学部応用生物科学科・助教

まえがき

　食糧問題，環境問題，資源の枯渇，食品の安全性に関する問題などが，社会で関心を集めている．これらには，すべて農業に関わる問題が含まれている．近年，日本の食糧自給率（カロリーベース）が40％以下にまで減少してきたことが話題になっているが，一方で輸入食品の安全性に関する問題や食品偽装問題などが頻発している．また，2006年には，ポジティブリスト制度が導入され，食品における化学合成農薬の残留が，以前よりも厳しく管理されるようになった．このような状況をふまえ，安全かつ安心な農作物の持続的生産を続けるには，今後どのように問題を解決していったら良いか．われわれに課せられた宿題である．

　本書で紹介するバイオロジカル・コントロール（生物的防除）は，害虫の天敵を使って病害虫や雑草を防除するという古くて新しい技術である．化学合成農薬は，過剰に使用すると環境や人畜に悪影響を及ぼすし，その原料は，石油などの有限な地下資源である．バイオロジカル・コントロールは，農作物の安全や環境への負荷が少ないなど多くのメリットがあり，省力的で持続可能な防除方法となる可能性を秘めている．しかし一方で，天敵類の生産コストや効果の安定性など，十分に解決されていない問題があり，まだまだ研究レベルで解決すべき課題が山積している．このような問題を解決するためには，農業の現場での研究と天敵の生物学を正しく理解することの両方が必要である．昆虫を天敵とする昆虫やダニや微生物には，昆虫を資源とした独自の進化戦略をもつものが多く，生物学的にも非常に興味深い．このような，天敵の生物学に関する研究は，一つの学問分野として集結しつつある．

　本書は，主に農学部・生物資源科学部系の学部生を読者と想定して構成し，害虫管理としてのバイオロジカル・コントロールの現状や課題を概説すると同時に，生き物としての天敵の面白さについても紹介する．バイオロジカル・コ

ントロールや害虫防除に関する授業の教科書や参考書として本書を活用していただき，できるだけ多くの読者にこの分野に対する興味をもってもらえることで，日本のバイロジカル・コントロールにさらに新しい展開を産み出すことを願っている．

　本書を刊行するにあたり原稿の校閲をしていただいた高務　淳氏，務川重之氏，安田弘法氏，前田太郎氏，高林純示氏，図表の作成に協力していただいた島津光明氏，水谷杏子氏に感謝したい．最後に，本書の企画から刊行まで，丁寧に対応いただいた朝倉書店編集部の皆さんに心から感謝の意を表したい．

2009 年 2 月

編者を代表して　仲井まどか

目　　次

1. **生物的防除の基礎**……………………………………………………………… 1
    1.1　はじめに ………………………………………〔上野高敏・仲井まどか〕… 1
    1.2　生物的防除の概要と歴史 ……………………………………〔矢野栄二〕… 3
        1.2.1　生物的防除における天敵利用法　3
        1.2.2　世界における歴史　4
        1.2.3　わが国における歴史　10
    1.3　IPMと害虫防除の現状 ………………………〔大野和朗・仲井まどか〕… 15
        1.3.1　化学合成農薬の登場　16
        1.3.2　IPMとは　17
        1.3.3　IPMの問題点　18
        1.3.4　IPMと生物的防除　20

2. **生物的防除の実際**……………………………………………………………… 23
    2.1　伝統的生物的防除 ……………………………………………〔髙木正見〕… 23
        2.1.1　伝統的生物的防除の理論的基礎　23
        2.1.2　生態系に与える伝統的生物的防除のリスク評価　28
        2.1.3　伝統的生物的防除の手順　29
        2.1.4　伝統的生物的防除の実例　31
        2.1.5　伝統的生物的防除の今後　38
    2.2　放飼増強法による生物的防除 ………………………………〔矢野栄二〕… 38
        2.2.1　放飼増強法　38
        2.2.2　放飼増強法に利用する天敵　40
        2.2.3　放飼増強法における天敵の利用法　41
        2.2.4　施設園芸害虫の天敵利用において天敵の効果に及ぼす要因　43

2.3　土着天敵保護による生物的防除……………………〔大野和朗〕… 51
　2.3.1　天 敵 保 護　52
　2.3.2　天 敵 強 化　56
　2.3.3　天敵の保護強化を組み入れた IPM　61
2.4　天敵微生物による生物的防除……………………〔仲井まどか〕… 65
　2.4.1　伝統的生物的防除　65
　2.4.2　放飼増強法　68
　2.4.3　日本の現状　70
　2.4.4　微生物資材の特徴　71

3. 昆 虫 の 天 敵…………………………………………………………… 77
3.1　天敵のグループ分け………………………………〔上野高敏〕… 77
　3.1.1　昆虫の捕食者　78
　3.1.2　昆虫の捕食寄生者　81
3.2　捕食寄生者の行動…………………………………〔戒能洋一〕… 84
　3.2.1　寄生蜂のカイロモン　85
　3.2.2　寄生性昆虫および捕食性昆虫・ダニ類と3者系　90
　3.2.3　カイロモン，シノモンの応用　94
3.3　寄生蜂の学習………………………………………〔髙須啓志〕… 95
　3.3.1　寄生蜂における学習の役割　96
　3.3.2　寄主の生息場所の探索における学習　96
　3.3.3　寄主探索における学習　99
　3.3.4　寄主の認識における学習　100
　3.3.5　寄主への産卵　100
　3.3.6　餌探索における学習　100
　3.3.7　寄主探索と餌探索の切り替え　101
　3.3.8　寄生蜂雄の学習　102
　3.3.9　学習と記憶の機構　102
　3.3.10　寄生蜂の学習能力の進化　103
　3.3.11　寄生蜂の学習能力の応用　104

3.4 寄生蜂による寄主制御 〔田中利治〕… 106
3.4.1 外部捕食寄生の巧妙さ 106
3.4.2 内部捕食寄生の巧妙さ 109
3.5 捕食者の行動と生態 〔仲島義貴〕… 119
3.5.1 生物的防除に用いられる捕食者 119
3.5.2 捕食性昆虫の生物学的特性 120
3.5.3 餌の探索過程 120
3.5.4 種内および種間相互作用 122
3.6 捕食性昆虫の増殖 〔新島恵子〕… 125
3.6.1 飼料の開発 125
3.6.2 成虫の飼育と採卵法 127
3.6.3 共食いの回避と幼虫の飼育システム化 127
3.6.4 増殖昆虫の品質管理 127
3.6.5 今後の展望 128

4. 昆虫病原微生物の戦略 129
4.1 昆虫病原細菌 〔浅野眞一郎〕… 129
4.2 昆虫ウイルス 〔仲井まどか〕… 134
4.2.1 昆虫とウイルス 134
4.2.2 バキュロウイルス 136
4.2.3 バキュロウイルスの防除資材化に向けた研究 144
4.3 昆虫病原糸状菌 〔清水 進〕… 145
4.3.1 昆虫病原糸状菌の分類学的位置とその特徴 147
4.3.2 昆虫病原糸状菌の感染および殺虫メカニズム 149
4.3.3 昆虫病原糸状菌による害虫防除 152
4.4 微胞子虫 〔岩野秀俊〕… 153
4.4.1 微胞子虫の特徴 153
4.4.2 微胞子虫による感染 156
4.4.3 害虫防除に利用される微胞子虫の種類 156
4.5 線 虫 〔吉賀豊司〕… 160
4.5.1 昆虫寄生性線虫 161

4.5.2　昆虫病原性線虫　161
　　4.5.3　植物寄生性線虫の生物的防除　163

索　　引……………………………………………………………… 165

1. 生物的防除の基礎

1.1 はじめに

　昆虫の種数は100万種を大きく超える．他の動物の種数と比較するとその種数は膨大なものである．一般的に昆虫は産卵数が多いが，実際に成虫まで成長するものは少ない．例えば，オビカレハというガの一種は，1000個の卵を産んだとするとそのうち成虫まで成長する個体数は，わずかに11頭である．このように，多くの個体が次世代を残す前に死亡してしまう．微小な昆虫の場合，あるものは雨に流され，またあるものはトリやトカゲに捕食され，多くの個体が成虫になるまでに死んでしまう．仮に成虫になったとしても，暴風に巻き込まれ死亡するかもしれないし，餌不足により卵を生産できず産卵することなく死に絶えるかもしれない．このように生物の数を制御するような力が自然界においては働くが，これを自然制御（natural control）という．

　生物の死亡要因はさまざまであるが，大きく分けて生物的要因と非生物的要因に分けることができる．前者では，餌不足や，例えばトリやトカゲなど捕食者による捕食，寄生蜂など寄生性生物による寄生など，生物が何らかの形で関与する．一方，非生物的要因には，降雨，乾燥，干ばつ，暴風などの天候が含まれる．

　自然制御に関わる生物的要因のうち，捕食者や寄生者として機能する生物のことを「天敵，natural enemy」という（3.1節参照）．昆虫に感染し，直接的あるいは間接的に死に至らしめる病原菌やウイルスなども天敵であり天敵微生物と呼ばれる．多くの場合，自然制御において天敵が果たす役割は非常に大きい．にもかかわらず天敵の重要性は，あまり一般には認識されていないかもしれない．天敵の役割を認識する一例として外来種問題があげられるだろう．外

来生物が最近しばしば問題になっているが，その理由の一つにこれらの外来種が急激に個体数を増やしてしまうことがある．なぜ外来種はあっという間に数を増やすことができるのであろうか？　原産地ではさほど個体数の多くない種が新天地で増えてしまうのは，新天地では天敵が不在であるからだといわれている．原産地では天敵として働く生物種が多数いて，個体数が簡単には増大しないのである．しかし，新天地にはその侵入種の天敵がいない場合に，天敵の攻撃から解放され，その繁殖力を最大限に生かせるため急激に増えてしまう．この考え方は，天敵からの解放仮説（enemy release hypothesis；ERH）と呼ばれている（鷲谷，2007）．

　自然制御を理解することにより，ある生物種の個体数の増減がどのようなプロセスをもって生じるのかを知ることができる．すなわち，どのようにすれば害虫などの有害な生物種の数を問題がない程度に減らすことができるのかも理解することができる．また，天敵の機能を明らかにすることにより，天敵を利用して環境への負荷を最小限に抑えた害虫防除をすることも可能になるだろう．天敵生物の機能を大きく大別すると以下の二つに分けられる．その一つは，宿主，寄主，餌となる生物を直接的あるいは間接的に死に至らしめることで，その生物種の数を減らすということである．もうひとつは，宿主の繁殖に負の影響を及ぼす（産卵数の減少，不妊化，去勢など）ことで宿主の個体数を減らすことである．天敵は，このような機能を通じて他生物の個体群動態に大きな影響，すなわち個体数の増大を抑制している．

　さて，地球上で作物を加害する昆虫は1000種以上といわれている．しかし実際に作物生産に重大な影響を与えるのはそのなかでも一部の害虫種でしかない．多くは被害を与えるほどには数を増やさないのである．重要な害虫とされる種でも常に大きな被害をもたらすわけではない．これは害虫の個体数もまた自然制御の働きにより，増殖を抑圧されているためである．天敵をうまく利用することで，防除対象となる害虫の個体数を制御できる可能性があげられる．生物的防除（biological control）とは，生きた天敵の機能を利用して，有害生物（pest）を防除することである．

　天敵を利用した生物的防除では，天敵による害虫防除を効果的にするため，自然に存在する天敵（土着天敵）の働きを利用するだけでなく，施設などで大量増殖した天敵を放飼したり，害虫防除に適した系統を選抜するなど，人為的

な操作を加えることの方が効果が高い．このように生物的防除に用いられる天敵昆虫や天敵微生物を生物農薬と呼ぶ．土着の天敵の活動を強化するために，農耕地やその周辺の環境を天敵の生息に適するように改善するという方法もある．いずれにしてもわれわれにとって有用な生物を利用するわけであるが，効果的な利用のためには，天敵生物の分類，生態，行動，個体群動態，生活史，生理などの基礎生物学的知見が必要不可欠となる．

　近年，食の安全や環境に対する社会の関心が高まっている．化学分析の技術が向上しこれまで検出できなかったレベルで残留農薬などが検出されるようになり，残留農薬に対する規制も多くの国々で厳しくなっている．また，石油や化学肥料の原料が有限な資源であることからも持続可能な農業生産に注目が集まっている．農業は，人類の生存に不可欠な食糧を生産する産業であることから，これらの問題を早急に解決する生産手段の確立が必要であった．生物的防除は，生きた天敵の機能を利用するため，安全性が高く，持続的かつ化石燃料などの有限な資源に頼らない害虫防除法である．このような面からも生物的防除に対する関心が高まっている．

　本書では，第1章で，生物的防除の基礎としてその概要と歴史，害虫防除の現状，第2章で，わが国と世界各国で行われている生物的防除の実態を紹介する．次に，後半の第3章と第4章では，天敵の生物学に関する各論として，捕食寄生者，捕食者，そして天敵微生物についての概説と研究の現状を紹介する．本書により少しでも多くの読者が天敵の有用性と生物としての面白さに関心をもっていただけることを願う次第である．〔上野高敏・仲井まどか〕

■参考文献
鷲谷いづみ（2007）外来種の定着と侵略性の生態学的要因．日本水産学会誌 73：1117-1120．

1.2　生物的防除の概要と歴史

1.2.1　生物的防除における天敵利用法

　生物的防除における天敵利用法は，一般的に，伝統的生物的防除，放飼増強法および土着天敵の保護の3種類に分けられる．

伝統的生物的防除（classical biological control）は，海外など他地域から新しい天敵を導入して定着させ，永続的な防除効果を得ることをねらいとする方法であり，わが国では永続的利用ともいわれる（2.1節参照）．英語の和訳としては「古典的生物的防除」と訳される場合もある．温室や畑作物，露地野菜の圃場で，土着天敵が存在しなかったり，密度が低いために効果が期待できない場合，人為的に天敵を放飼して天敵の効果を増強する方法が考えられ，放飼増強法（augmentation）と呼ばれる（2.2節参照）．この方法は，わが国では一般に生物農薬的利用と呼ばれる．害虫防除に利用される昆虫病原微生物も生物農薬と呼ばれることが多く，利用方法は放飼増強法と同様に害虫の発生時に人為的に施用する．

農業生態系のなかで，土着天敵は土着害虫の発生を抑圧する潜在能力があると考えられる場合が多い．土着天敵の保護（conservation）では，殺虫剤施用など人間の活動による天敵への負の影響を抑え天敵の生息場所として農耕地の環境を整えることにより，土着天敵の効果を最大限発揮させる（2.3節参照）．

1.2.2 世界における歴史

a．科学的生物的防除以前の時代

天敵を害虫防除の手段として利用した最も古い記録は，古代中国でカンキツ園に捕食性のアリを放飼し害虫防除を行ったというものである．また中世のアラビアではナツメヤシの害虫防除に山間地からアリの巣が持ち込まれた．

b．伝統的生物的防除の時代

伝統的生物的防除は最初アメリカ合衆国で考案され，実施に移された．19世紀のアメリカ合衆国では，急速な農業の栽培面積の拡大に伴い，海外からの侵入害虫の多発が大きな問題となった．これに対して，侵入害虫の多発は原産地では機能している土着天敵の働きが欠如しているからであり，原産地から天敵を導入すれば害虫は抑圧されるのではないかとする今日の伝統的生物的防除の基礎となる考え（天敵からの解放仮説，1.1節参照）が提案された．この考えに沿って，農務省の昆虫学者ライレーは1873年にアメリカ原産でヨーロッパに侵入したブドウのフィロキセラ（ブドウネアブラムシ）*Viteus vitifolii* の防除のため，アメリカ原産の捕食性のケダニの一種 *Tyroglyphus phylloxerae* をフランスに輸出した．この天敵はフランスで定着したが防除は成功しなかった．

1.2 生物的防除の概要と歴史

カリフォルニアの農業は19世紀の半ばに急速な発展を遂げ世界有数の農業生産地域となったが，種子や苗の輸入に伴って海外からの侵入病害虫の問題が大きくなった．これらに対して原産地からの天敵導入が園芸農家側から提案された．天敵導入が最初に大きな成功を収めたのが，カンキツ害虫イセリヤカイ

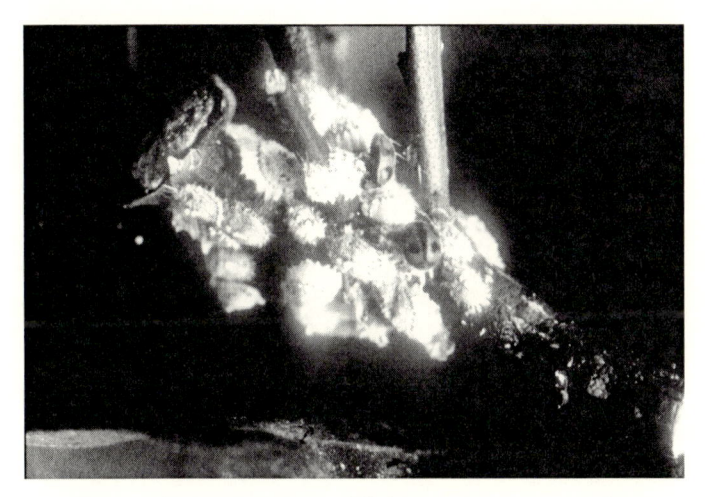

図1.1 イセリヤカイガラムシを捕食するベダリアテントウ（写真：古橋嘉一氏提供）

図1.2 オンシツコナジラミ幼虫に産卵するオンシツツヤコバチ成虫（写真：アリスタライフサイエンス社提供）

ガラムシ *Icerya purchasi* に対する捕食性天敵ベダリアテントウ *Rodolia cardinalis*（図1.1）の利用である．イセリヤカイガラムシは1868年にカリフォルニアで発見され，1880年にはカリフォルニア全域でカンキツ類の主要害虫となった．ベダリアテントウはさらに世界各国に輸出されて，各国におけるイセリヤカイガラムシの防除に利用され成功を収めた．

　ベダリアテントウによる生物的防除の成功により，多発する農業害虫の対策として外来天敵の導入が強い支持を得て，伝統的生物的防除の時代が到来した．世界における導入事例は1930年代まで急速に増加して，成功率も比較的高かった．この間，外国からの天敵導入に際して，有害な害虫，病原微生物，二次寄生蜂を誤って同時に導入しないため，検疫施設なども整備された．1920年代には，施設栽培トマトの主要害虫であるオンシツコナジラミ *Trialeurodes vaporariorum* に対して，後に放飼増強法により広く利用されることになるオンシツツヤコバチ *Encarsia formosa*（図1.2）の利用が始まった（2.2.3参照）．イギリスなどで商業的に大量増殖されたオンシツツヤコバチが，各国におけるオンシツコナジラミ防除のために輸出された．昆虫病原微生物の利用については，ロシアのメチニコフが1879年に昆虫病原性糸状菌 *Metarhizium anisopliae* をコガネムシ幼虫の防除に使用したのが世界で最初の事例である．

c．有機合成殺虫剤の時代

　1939年にミュラーによって有機塩素系殺虫剤であるDDTが合成され，種々の有機合成殺虫剤が広く利用されるようになった．その後，続々と新規の化学合成殺虫剤が開発されたが，それらの効果がきわめて高かったため，外来天敵の導入による伝統的生物的防除は研究費が削減され，事例数も減少し成功率も低下した．また，航空機による天敵の輸送が可能となり安易に多くの天敵種を導入したこと，殺虫剤散布により放飼した天敵が死滅したことなども成功率の低下に関係している．この傾向は1950年代まで続き，オンシツツヤコバチも利用されなくなった．この時期の生物的防除に関するトピックは，昆虫病原微生物の利用の進展である．1944年にアメリカ合衆国でダイズやブドウの害虫であるマメコガネ *Popillia japonica* の防除剤として乳化病菌（*Bacillus popilliae*）製剤が世界で初めて農薬登録された．種々のチョウ目害虫に対して効果のある昆虫病原性細菌 *Bacillus thuringiensis* は，1938年にフランスで最

初に市販されたが，1950年代以後アメリカ合衆国，ヨーロッパ各国，旧ソ連で広く利用されるようになった．1961年には，最初の製剤がアメリカ合衆国で農薬登録を受けて市販された．1943年には，核多角体病ウイルスが，マツの害虫であるハバチの一種 *Gilpinia hercyniae* の防除に利用され成功を収めた（2.4節参照）．

d. 総合防除・総合的害虫管理の時代

1962年にカーソンが『沈黙の春』を著して農薬使用の負の側面を広く一般に紹介し，農薬への過度の依存に警鐘を鳴らした．その後，農薬の人畜・環境中の残留，害虫の薬剤抵抗性の発達，農薬により土着天敵が減少することにより害虫が多発する害虫の誘導多発生（リサージェンス）など，農薬使用の問題点が広く認識されるようになった（2.3節参照）．化学合成農薬を用いる害虫防除法を化学的防除（chemical control）という．1960年代には，殺虫剤に依存した害虫防除に替わる防除の考え方が検討され，害虫防除の目標は，種々の防除手段を組み合わせて害虫密度を被害がでない程度に保つことであるとする総合防除（integrated control）の考え方が確立され，1967年にFAOで定義が公表された．総合防除の概念はその後，総合的害虫管理あるいは害虫のみならず植物の病原菌や雑草も含めた総合的有害生物管理（integrated pest management；IPM）として，農薬の環境や人間への影響を最小限にすることも目標とする，より広範な概念となった．このような状況で，生物的防除は化学的防除に替わる技術として重要視されるようになった．IPMについては1.3.1に詳しく概説する．この時代の特徴は，伝統的生物的防除，放飼増強法，土着天敵の保護という生物的防除の技術について大きな発展をみたことである．

伝統的生物的防除に関しては，これまでの試行錯誤的な天敵導入ではなく，天敵の事前評価を行い，最も優れた天敵を導入するようになった．事前評価においては，天敵の寄主や生息場所の選好性の研究が重視された．これにより1960年代以後の天敵導入の成功率が改善された．生態学的な理論からも導入種の選択に対して提言が行われた．よく知られているのが，1984年に公表されたホッカネンとピメンテルによる「新結合理論」である．彼らは害虫と天敵間の共進化に注目し，相互関係をもった期間が長いほど，共進化の結果害虫の生体防御反応の発達などにより，害虫に対する天敵の効果が弱まると予測した．この考えによると，天敵としては害虫との相互関係をもっていなかった天

敵（新結合）の方が，害虫に対して効果が高いと予測できる．彼らは生物的防除の成功失敗の事例の分析からこの理論の妥当性を主張したが，1990 年になって，天敵昆虫による害虫防除に関してはこの理論は当てはまらないとする反論がワーギから出された．

　放飼増強法については，施設園芸害虫に対する天敵利用や畑作物害虫に対するタマゴコバチ類（*Trichogramma* 属卵寄生蜂）の利用が大きく進展した（2.2.2, 2.2.3 参照）．1958 年に新種として記載されたチリカブリダニ *Phytoseiulus persimilis* は，施設栽培野菜の難防除害虫であるナミハダニ *Tetranychus urticae* に高い防除効果を示すことが確認された後，1968 年にイギリスで温室栽培のキュウリのナミハダニに対して初めて小規模防除試験が行われた（2.2.3 参照）．その後イギリスでチリカブリダニの利用技術が開発されたが，それと平行してオンシツコナジラミが多発するようになった．そこでオンシツヤコバチの利用が見直され，現在の放飼技術が開発された．また温室を利用したチリカブリダニとオンシツヤコバチの大量増殖技術が開発された結果，天敵の商業生産も開始された．ナミハダニとオンシツコナジラミが天敵で防除されても，他の重要害虫アブラムシ類，アザミウマ類，ハモグリバエ類などの防除対策との調和が問題となる．1970 年代はチリカブリダニおよびオンシツヤコバチの利用と天敵に影響の少ない選択的殺虫剤の併用で対応していたが，1980 年代に入って，これらの害虫に対しても次々と天敵が利用できるようになった．2000 年現在，世界で使用されている節足動物天敵（天敵昆虫と捕食性ダニ類），微生物天敵を合わせると 125 種以上にのぼる．現在ではほとんどすべての主要害虫の天敵による防除が可能となっている．放飼されている面積も 1990 年頃までは増加の一途をたどったが，1990 年代からやや伸び悩んでいる．北欧では全体の作付面積に対して天敵を利用している温室の面積率は高いが，温室の栽培面積が大きい南欧でも 2000 年代に入ってスペインなどで急速に利用面積が拡大している．研究面でも，実用化前の事前評価として，天敵の増殖能力の評価，行動解析に基づく天敵の探索能力評価，室内誘引試験による寄主，寄主植物由来の匂いに対する反応性の評価などが行われた．

　タマゴコバチ類の利用は，1920 年代に大量増殖技術がアメリカ合衆国で開発されてから本格化した．その後西側諸国ではタマゴコバチ類の利用の研究は有機合成殺虫剤の利用に伴い中断した．しかしタマゴコバチ類の利用の研究

は，旧ソ連と中国で継続され，大量増殖施設で生産されたタマゴコバチ類が大規模なスケールで放飼されるまでに至った．1960年代になって欧米で研究が活発化し，1970年代に大量増殖と放飼技術の研究が開始された．防除対象害虫は，1975年以前はサトウキビとトウモロコシのチョウ目害虫であったが，1975年から1985年の間にワタ，テンサイ，キャベツ，リンゴ，トマト，イネ，森林の害虫にまで拡大した．1990年にタマゴコバチ類の世界の総放飼面積は50カ国以上で毎年3200万ha以上に及んでいると報告された．しかし実際には約1500万ha程度であるとの推定もされている．放飼されているタマゴコバチ類の種数は世界で70種以上である．

B. thuringiensis の利用は広く普及し，当初実用化したチョウ目に効果のある系統に加えて，ハエ目，コウチュウ目などに効果のある菌株が次々と発見され商品化された．現在 *B. thuringiensis* 製剤は，他の天敵微生物，天敵節足動物を含む全生物農薬の売り上げの大部分を占めている（2.4.2参照）．普及に伴い，アブラナ科害虫であるコナガに抵抗性が発達することが確認された．現在，昆虫病原性糸状菌としては，*Metarhizium anisopliae* 以外に，メイガ類やコナジラミ類に効果のある *Beauveria bassiana*，コナジラミ類やアブラムシ類に効果のある *Verticillium lecanii* などが市販されている．またウイルス製剤としては，ヤガ類やハマキ類のチョウ目害虫の核多角体病ウイルスや顆粒病ウイルスが市販されている（2.4節参照）．

土着天敵の保護では，IPMにおける自然界の害虫制御要因としての土着天敵の重要性や，圃場における生物多様性保護の対象として，オサムシ類などの土着天敵が注目されており，研究が各国で活発化している．土着天敵保護の手法としてはまず土着天敵に影響を与えやすい農業技術の改良がある．これには天敵に影響を与えない選択性殺虫剤の利用などの農薬の適正な利用や，土壌に生息する土着天敵の生息場所を破壊する可能性のある耕起法の工夫などがある．土着天敵を保護する積極的な方法として植生管理技術が注目されている．複数の種類の作物を同時に栽培する混作では，しばしば害虫の密度が低下することが知られており，その原因の一つとして土着天敵の効果の増強が考えられている．ファンエムデンは1963年に寄生蜂成虫の寄生率は餌としての花蜜を生産する花の存在に大きく影響されることを指摘した．花蜜以外にも花粉やアブラムシ類などの甘露が土着天敵の餌として利用されている．また土着天敵の

越冬場所の植生保護も重要である．その後，蜜源植物を圃場周辺や内部に植えて天敵の成虫に餌として供給する方法が多くの国で試みられるようになった．土着天敵の保護は，生物的防除技術のなかでは最も生態系保全に直結する技術であることが特徴である．まだ研究段階の技術が多いが，今後の発展が期待される（2.3節参照）．

1.2.3 わが国における歴史
a. 伝統的生物的防除の時代

海外と同じく，わが国においても生物的防除の歴史は伝統的生物的防除から始まった（表1.1）．カリフォルニアでイセリヤカイガラムシの防除の画期的な成功を収めたベダリアテントウは，1909年に素木によりハワイから台湾に輸入され，さらに1911年に静岡県立農業試験場で増殖されるようになり，それ以後各県にイセリヤカイガラムシの防除のため配布された．その結果，イセリヤカイガラムシの防除はほとんど不要となった．

シルベストリにより，1925年に中国広東地方からシルベストリコバチ *Encarsia smithi* が，ミカントゲコナジラミ *Aleurocanthus spiniferus* の防除のため，長崎県のミカン園に導入された．2〜3年後に，放飼地域ではコナジラミが激減して顕著な効果が認められた．その後，宮崎，熊本，鹿児島，福岡の各県で放飼された．1929年以後，長崎県でシルベストリコバチの増殖を行うようになった．

欧米でリンゴワタムシ *Eriosoma lanigerum* の防除に利用されていたワタムシヤドリコバチ *Aphelinus mali* は，1926，1927，1928年に輸入されたが定着

表1.1 わが国における伝統的生物的防除の成功事例（広瀬（2003）を一部改変）

導入年・導入源	天敵	天敵の種類	対象害虫	対象作物
1911・台湾*	ベダリアテントウ	捕食虫	イセリヤカイガラムシ	カンキツ
1925・中国	シルベストリコバチ	寄生蜂	ミカントゲコナジラミ	カンキツ
1931・アメリカ合衆国	ワタムシヤドリコバチ	寄生蜂	リンゴワタムシ	リンゴ
1948・九州**	ルビーアカヤドリコバチ	寄生蜂	ルビーロウムシ	カンキツ
1980・中国	チュウゴクオナガコバチ	寄生蜂	クリタマバチ	クリ
1980・中国	ヤノネキイロコバチ ヤノネツヤコバチ	寄生蜂	ヤノネカイガラムシ	カンキツ

* ハワイから台湾に導入されたものが日本に導入された．
** 福岡市で発見されたが，原産地は中国と考えられている．

に失敗した．1931年に，アメリカ合衆国から導入されたワタムシヤドリコバチが，青森県で増殖後放飼され初めて定着した．1933年以後東北各県，長野県，北海道などに配布され，リンゴワタムシの被害は著しく軽減された．

タマゴコバチ類の利用については，1935年から1940年にかけて静岡県でイネの大害虫であるニカメイガ *Chilo suppressalis* の防除にズイムシアカタマゴバチ *Trichogramma japonicum* の大量増殖，放飼が試みられたが，成功とは評価されなかった．

b. 有機合成殺虫剤の時代

戦後1950年代まではわが国でも農薬万能の時代であり，生物的防除はあまり重視されなかった．しかし例外的に成功したのが，ルビーロウムシに対するルビーアカヤドリコバチの利用である．

ルビーロウカイガラムシ *Caroplastes rubens*（ルビーロウムシ）は，1897年に長崎県で最初に発見され，その後ミカンやカキの大害虫となった（2.4.1参照）．原産地は中国ではないかと言われている．1946年に安松が，九州大学構内の植物園でルビーロウムシに寄生する特異的な寄生蜂を発見した．さらに野外調査の結果，この寄生蜂は九州地域で寄生率が高く，ルビーロウムシの激減をもたらしていることが明らかとなった．ルビーアカヤドリコバチ *Anicetus beneficus* と命名されたこの寄生蜂は，1948〜1950年に大分県における放飼試験で優れた防除効果を示し，その後全国に配布された．1951年からは岡山県農業試験場で増殖配布事業が開始された．

c. 総合防除・総合的害虫管理の時代

この時代に至って，わが国では日中国交回復とともに，中国原産の侵入害虫の天敵が中国から導入され成功を収めた．ヤノネカイガラムシ *Unaspis yanonensis* は，1908年にわが国への侵入が確認された中国原産のカンキツ類の侵入害虫である．1980年になって中国の協力のもとに天敵の探索が行われ，四川省重慶で採集された2種の寄生蜂ヤノネキイロコバチ *Aphytis yanonensis* とヤノネツヤコバチ *Coccobius fulvus* がわが国に導入された．1981年に静岡県下で放飼されたヤノネキイロコバチは，その年のうちに高い寄生率を示した．長崎県口之津の果樹試験場では，1981年に温州ミカン園で両種が同時放飼され，両種寄生蜂の働きにより，ヤノネカイガラムシの被害果率は1984年には大幅に低下した．九州各県で1981年以後放飼事業が行われた結果，ヤノ

図 1.3 クリタマバチのゴールに産卵しているチュウゴクオナガコバチ（写真：守屋成一氏提供）

ネキイロコバチは速やかに分散し，1987 年では九州のミカン園ではどこでもみられるようになった．

チュウゴクオナガコバチ *Torymus sinensis*（図 1.3）は，中国ではクリタマバチ *Dryocosmus kuriphilus* の土着有力寄生蜂である．わが国には 3 回にわたって導入され，特に 1982 年にはかなり大量のクリタマバチ採集ゴールから羽化した寄生蜂が，熊本県と茨城県で放飼された．熊本県ではチュウゴクオナガコバチは定着したものの，寄生率が当初 6 年間はきわめて低かったが，1989 年になってようやく上昇し始めた．一方，茨城県で放飼された集団は順調に定着し，放飼 3 年後から寄生率が上がり始め，1989 年にはクリタマバチによるクリの被害芽率を数 % にまで低下させた．

アルファルファタコゾウムシ *Hypera postica* は 1980 年代に侵入し，その後西日本で養蜂業者が採蜜に利用しているレンゲの害虫となった．1988，1989 年にアメリカ合衆国から 4 種の寄生蜂が導入後九州で放飼されたが，1997 年になってそのうちの 1 種 *Bathypletes anurus* の定着が確認された．この寄生蜂の効果については今後の結果が期待される．

放飼増強法の実用化については大きな進展がみられた．わが国においては，1966 年にチリカブリダニが導入され，1960 年代末から 1970 年代前半にかけて，基礎研究から応用研究に至る広範な研究が行われた．オンシツツヤコバチについては，1980 年代に集中的に研究が行われ，利用技術が確立された．そ

表1.2 施設栽培の害虫防除に農薬登録のある節足動物天敵（日本植物防疫協会（2006）より作成）

天敵名	対象作物	対象害虫
イサエアヒメコバチ	野菜類（施設栽培）	ハモグリバエ類
ハモグリミドリヒメコバチ	野菜類（施設栽培）	ハモグリバエ類
ハモグリコマユバチ	野菜類（施設栽培）	ハモグリバエ類
オンシツツヤコバチ	野菜類・ポインセチア（施設栽培）	コナジラミ類
サバクツヤコバチ	野菜類（施設栽培）	コナジラミ類
コレマンアブラバチ	野菜類（施設栽培）	アブラムシ類
ショクガタマバエ	野菜類（施設栽培）	アブラムシ類
ナミテントウ	野菜類（施設栽培）	アブラムシ類
ヤマトクサカゲロウ	野菜類（施設栽培）	アブラムシ類
ナミヒメハナカメムシ	ピーマン（施設栽培）	ミカンキイロアザミウマ ミナミキイロアザミウマ
タイリクヒメハナカメムシ	野菜類（施設栽培）	アザミウマ類
アリガタシマアザミウマ	野菜類（施設栽培）	アザミウマ類
ククメリスカブリダニ	野菜類・シクラメン（施設栽培）	アザミウマ類
ククメリスカブリダニ	ホウレンソウ（施設栽培）	ケナガコナダニ
デジェネランスカブリダニ	ナス・ピーマン（施設栽培）	アザミウマ類
チリカブリダニ	野菜類・果樹類・バラ・シクラメン・カーネーション・インゲンマメ（施設栽培）	ハダニ類
ミヤコカブリダニ	野菜類・果樹類（施設栽培）	ハダニ類

表1.3 施設栽培の害虫防除に農薬登録のある天敵糸状菌（日本植物防疫協会（2006）より作成）

天敵糸状菌学名	対象作物	対象病害虫
Verticillium lecanii	野菜類（施設栽培）	コナジラミ類 アブラムシ類
	キク（施設栽培）	ミカンキイロアザミウマ
Paecilomyces fumosoroseus	野菜類（施設栽培）	コナジラミ類
	キュウリ（施設栽培）	ワタアブラムシ
Beauveria bassiana	野菜類	コナジラミ類 アザミウマ類 コナガ
Monacrosporium phymatophagum	タバコ，トマト，ミニトマト	サツマイモネコブセンチュウ

の後両種について，いくつかの県で増殖施設が設置され普及が図られたが，なかなか進展しなかった．天敵利用の普及には，商品化された天敵の販売が重要なポイントであるが，販売のためには，天敵の農薬としての登録が必要である．わが国で最初に農薬登録された天敵昆虫は，リンゴ，ナシの害虫であるクワコナカイガラムシの寄生蜂クワコナコバチである．1970年に登録されたが，高い生産コストのため1年あまりで生産中止となった．しかし施設栽培の害虫の天敵として，1995年のチリカブリダニとオンシツツヤコバチの登録を皮切

りに次々に農薬登録されるようになり，2006年現在16種の節足動物天敵（表1.2），4種の天敵糸状菌（表1.3）が利用できるようになった．これにより天敵と選択性殺虫剤を組み合わせた体系化も可能となり，天敵の放飼面積は徐々に増加しつつある．

タマゴコバチの利用について，1990年前後から増殖や利用技術の研究が行われるようになった．スイートコーンのアワノメイガやキャベツのコナガなどに放飼され，効果が確認されている．しかしまだ農薬登録には至っておらず，実用化は進んでいない．

微生物殺虫剤としては，マツカレハ核多角体病ウイルス製剤が1974年に初めて農薬登録され，1980年には *B. thuringiensis* の死菌製剤，1981年には生菌製剤が農薬登録され市場で販売されるようになった．*B. thuringiensis* 製剤は，2006年現在19品目があり，ほとんどがクルスタキー系かアイザワイ系である．これらはすべてチョウ目害虫を対象としているが，最近コガネムシ類に効果のあるヤポネンシス系菌株が商品化された．*B. thuringiensis* の製剤の販売額は，害虫防除に利用されている節足動物天敵を含む全生物農薬の大部分を占めている．

B. thuringiensis の製剤以外では，1990年にはサツマイモネコブセンチュウの防除資材として，糸状菌 *Monacrosporium phymatophagum* 製剤，1993年には芝草害虫の防除資材として昆虫寄生性線虫 *Steinernema calpocapsae* が登録された．現在では糸状菌5種，細菌1種，ウイルス2種，昆虫寄生性線虫2種が農薬登録されている．特に糸状菌 *B. bassiana* 製剤が普及している．

〔矢野栄二〕

■参考文献

Greathead, D.J. and A. Greathead (1992) Biological control of insect pests by insect parasitoids and predators: the BIOCAT database. *Biocontrol News and Information* 13: 61-68.

Gurr, G.M., N.D. Barlow, J. Memmot, S.D. Wratten and D.J. Greathead (2000) A history of methodological, theoretical and empirical approaches to biological control. In *Biological Control: Measures of Success* (G.M. Gurr and S.D. Wratten eds.). Kluwer Academic Publishers, Dordrecht. The Netherlands, pp.3-37.

広瀬義躬（2003）導入天敵の永続的利用．昆虫学大事典（三橋　淳編）．朝倉書店，東京，pp.772-777.

Hirose, Y. and M. Takagi (1992) Biological control of insect pests and weeds in Japan:

current problems and future prospects. In *Biological Control in South and East Asia*. Kyushu Univ. Press, Fukuoka, pp.23-34.

Howarth, F.G. (1991) Environmental impacts of classical biological control. *Annual Review of Entomology* **36**: 485-509.

国見裕久 (2006) 昆虫病原微生物による害虫防除の現状と展望. 植物防疫 58: 459-462.

村上陽三 (1969) 天敵. 戦後農業技術発達史. 第5巻果樹編 (日本農業研究所編), pp.466-473.

日本植物防疫協会 (2006) 生物農薬＋フェロモンガイドブック 2006. 日本植物防疫協会, 東京. 367pp.

Simmonds, F.J., J. M. Franz and R.I. Sailer (1976) History of biological control. In *Theory and Practice of Biological Control* (C.B. Huffaker and P.S. Messenger eds.). Academic Press, New York, pp. 17-39.

Van den Bosch, R., P.S. Messenger and A.P. Gutierrez (1982) *An Introduction to Biological Control*. Plenum Press, New York, 247pp.

Van Driesche, R.G. and T.S. Bellows Jr. (1996) *Biological Control*. Chapman and Hall, New York. 539pp.

矢野栄二 (2003) 天敵 生態と利用技術. 養賢堂, 東京. 296pp.

安松京三 (1970) 天敵生物制御へのアプローチ. 日本放送出版協会, 東京. 204pp.

1.3 IPMと害虫防除の現状

　第二次世界大戦後，食糧増産を目的に押し進められたモノカルチャー（単一栽培）では，一種類の作物を植えた大規模な圃場に化学合成農薬や化学肥料などの農業生産資材を多投入し，生産性が追求されてきた．化学合成農薬や化学肥料が食糧生産の向上や安定性に貢献したことは間違いないが，農業生産資材への過度の依存は環境に悪影響を及ぼしてきた．1992年にはOECD（経済協力開発機構）の会合で，農業と環境の問題が重要課題として取り上げられ，「農業が環境に及ぼす影響に正と負の両面がある」ことが合意されている．欧米では早くから，環境保全型農業への取り組みが進み，有機農業，天敵を使った生物的防除などが農家の間に根付き始めている．わが国では，1999年に交付された「持続性の高い農業生産方式の導入の促進に関する法律」において，化学的に合成された肥料や農薬の使用を減少させる効果が高い技術の導入促進がうたわれている．このような背景もあり，先進国での農薬使用量は減少傾向あるいは頭打ちの傾向を示している（図1.4）．なかでも，オランダでは農薬使用量が，この約10年間で50％近くまで減少しており，その傾向は際立って

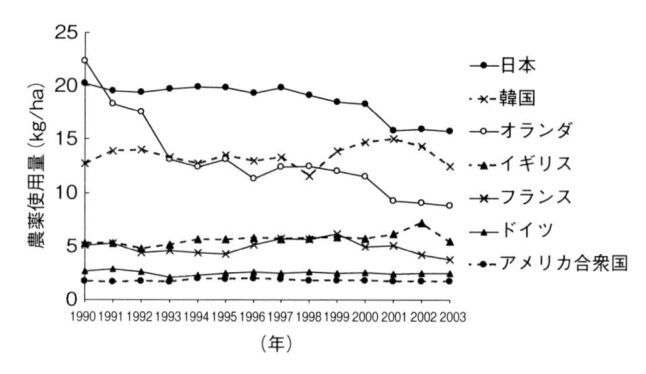

図1.4　耕地面積当たり農薬使用量（有効成分換算）の推移（OECD報告）

いる．以前は，オランダにおいても多投入型の農業を行っていたが，近年，多様な種類の天敵を生物的防除資材として開発し，施設栽培での天敵利用を推進している．

わが国でも環境保全型農業や生物的防除への関心が高まっているが，依然として多くの農家が農薬散布に追われている．化学合成農薬の散布回数が多い野菜を例にとると，露地栽培ナスは，慣行防除では約5カ月の栽培期間中に総散布回数が50回前後であり，この傾向は西日本では一般的である．その一方で，同じ露地ナス栽培でも総散布回数を20回前後まで低減することも可能である（2.3節参照）．そして，同じ作物を栽培している同じ地域の農家の間でも，農薬の散布回数に大きな違いがある．なぜ，このような違いが生じるのだろうか．本節では，害虫防除と生物的防除についての理解を深めるため，害虫防除の理論的・技術的な背景，その現状を，生物的防除との関連から説明する．

1.3.1　化学合成農薬の登場

時は第二次世界大戦終了直後にさかのぼる．「奇跡の武器，miracle weapon」とまでいわれたDDTの発見により，害虫防除は大きく変化しようとしていた．そして，さまざまな有機合成農薬が開発され，化学的防除の黄金時代の始まりはあらゆる害虫問題を解決し，安定した食糧生産を人類に保障するかのように思われた．しかし，有機合成農薬への過度の依存と乱用は，害虫の抵抗性発達，野生生物への悪影響，生物濃縮などの深刻な問題を露呈し始めていた．この状況に対して問題提起をしたのがレイチェル・カーソンであった．1962

年にカーソンは,『沈黙の春』(新潮社より日本語訳) を出版し,当時は一般に知られていなかった化学合成農薬の危険性を訴え,その内容は大きな反響を呼んだ.当時は,ワタの害虫で殺虫剤に対する抵抗性や誘導多発生(リサージェンス)が大きな問題となっていた.農薬を散布した後,対象となった害虫が散布前よりも増加する誘導多発生(resurgence)や,問題となっていなかった害虫が大発生に至る二次害虫の顕在化(secondary pest outbreak)が指摘され,農薬散布による天敵相の破壊がその原因として報告されるようになった.この事態を憂えたFAO(国連食糧農業機構,Food and Agriculture Organization)は専門家によるパネル会議を1965年から開催し,化学合成農薬の乱用や過度の依存を見直すための方策を議論した.その後,数回の会議や専門家間での議論を経て,1970年代からIPM(Integrated Pest Managementの略)が用語として使われるようになった.この"pest"という語には害虫だけでなく病原微生物や雑草も含まれるので,IPMの正しい訳は「総合的有害生物管理」であるが,一般的には防除の対象となる生物群に合わせて,総合的害虫管理あるいは総合的病害管理,総合的雑草管理と呼ばれる.IPMは害虫防除の分野で多くの研究が蓄積され進んできた.本書では害虫を対象にした生物的防除を扱うという意味で,便宜的にIPMを総合的害虫管理と呼ぶことにする.

1.3.2 IPMとは

1966年に示されたFAOのIPMの定義は,「あらゆる適切な技術を相互に矛盾しない形で使用し,経済的被害を生じるレベル以下に害虫個体群を減少させ,かつその低いレベルを維持するための害虫管理システム」である.わが国では,中筋(1997)がIPMの基本概念として,① 複数の防除法の合理的統合,② 経済的被害許容水準 および,③ 害虫個体群のシステム管理の三つを示している.IPMは複数の防除法を合理的に組み合わせて,最終的に害虫の密度を許容水準以下に抑えるシステムである.組み合わせる防除技術としては化学的防除以外に,生物的防除,耕種的防除,物理的防除などがある.耕種的防除は,作物の栽培環境や栽培時期を変えたり,作物の種類や品種を選択したりすることにより害虫の被害を低減させる方法である.抵抗性品種の導入や輪作・間作などもこれに含まれる.物理的防除には,害虫などの捕殺,誘蛾灯や粘着トラップによる誘殺,防虫ネットや反射シートによる害虫の侵入阻止,黄

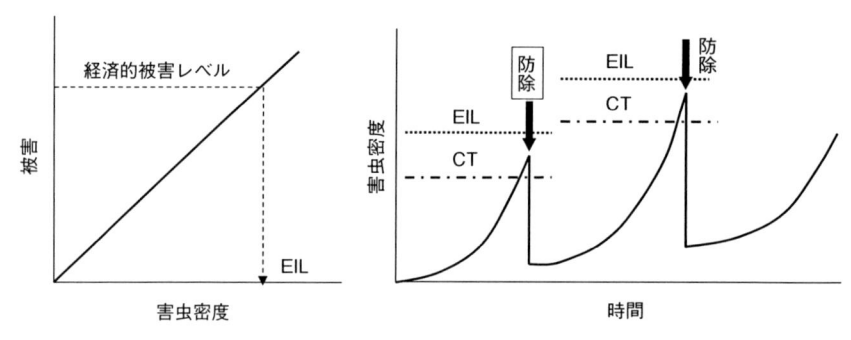

図 1.5 経済的被害許容水準（EIL）と要防除密度（CT）の概念図
（中筋（1997）を改変）

色蛍光灯などによる行動阻害なども含まれる．

　IPMの考え方で重要な点は，害虫を徹底的に排除することをめざすのではなく，作物ごと害虫ごとに設定された経済的被害許容水準（economic injury level：EIL）以下に害虫密度を維持するという考え方である．EILとは，経済的被害を起こす害虫密度のことである（図1.5）．害虫密度が時間を追って増加するとすれば，被害許容水準に達する前に要防除密度（control threshold（CT）またはeconomic threshold（ET），action threshold（AT）ともいう）がある．実際に被害が生じる密度で防除したのでは手遅れとなるため，適切な防除手段を講じるべき害虫密度を要防除密度と呼んでいる（図1.5）．害虫密度のモニタリングと発生予測，要防除密度に基づく農薬散布の意志決定が農家圃場でうまく適用されれば，過度の化学合成農薬の使用は改められ，効率的な利用が実現するはずである．

1.3.3　IPMの問題点

　IPMの基本概念の一つである複数の防除手段としてはすでに説明したようにさまざまな防除技術がある．しかし，費用や労力などの制約のため防除技術の多様化は進んでおらず，依然として化学合成農薬中心の防除が行われている産地も多い．化学的防除中心の害虫管理を慣行的IPM（conventional IPM）あるいは「化学農薬に依存したIPM（chemically-dependent IPM）」と呼ぶ人もいる．また，IPMは化学合成農薬の管理目的つまり総合的農薬管理（integrated pesticide management）にすぎないという指摘もある．害虫防除に関

して，都道府県の農業試験場の研究員や農業改良普及員，農協の営農指導員に農家が期待している情報は，「○○農薬は効果が高く，良く効きますよ」「△△は効きが悪くなっているようです（感受性の低下）」という類のものである．化学合成農薬は他の防除手段に比べ効果が安定しており，唯一信頼性が高い防除手段となっている．逆に，天敵利用は信頼性が低く，効果が安定的ではないと感じている農家が多い．また，天敵や各種物理的防除資材の多くは価格が高く，化学的防除に比べると経費がかさむことも，防除手段の多様化が進まない理由になっている．

IPMがうまく機能しないもうひとつの原因は，防除の適否やタイミングを決めるうえで重要な経済的被害許容水準や要防除密度の非現実性にある．害虫密度と被害の関係は単純ではなく，防除による利益の算出に必要な農産物の価格は経済的・社会的な要素により大きく左右される．また，1回の収穫で栽培が終了する水稲や麦などに比べ，毎日収穫が続く野菜ではその関係はさらに複雑である．IPMは農家が使うことのできない「複雑すぎるシステム」であるという批判もある．経済的被害許容水準や要防除密度の設定が困難であることはかなり以前から指摘されてきた．そのため，わが国では作物ごと，地区ごとに作成した防除暦に示された暦日の耕種作業と病害虫別の農薬名を参考にして，農薬散布が実施される．中筋 (2008) は，「経済的被害許容水準を無視したこの防除暦こそが，耕地面積あたりの農薬投下量を世界最大に増やし，環境負荷を高める原因となった」と，防除暦に基づくスケジュール散布的な取り組みを批判している．防除暦やそれに基づく防除指導は，指導する側が病害虫の被害を警戒しすぎることで過剰散布を促すことになるが，防除暦の作り方によって農薬散布回数を低減している例もある．鹿児島などでは，防除暦のなかでチャの病害虫をランク付けし，それぞれに対する防除の取り組み方を変えている．恒常的に発生し被害が大きいものとしてハマキムシ類やカンザワハダニ，チャノキイロアザミウマ，炭疽病など，年や地域により発生が異なり被害が大きいものとしてクワシロカイガラムシや輪斑病など，発生は少ないが被害が目立つものとしてウスイロミドリカスミカメやもち病などである．恒常的に発生する病害虫は必ず防除が必要になるが，発生調査と要防除密度に基づいて防除のタイミングが決められる．発生が少ない病害虫については圃場を観察しながら，発生に応じて必要があれば防除している．

厳密な経済的被害許容水準や要防除密度に替わる指標を使う場合もある．岡山県農業試験場の永井（1991）は，難防除害虫であるミナミキイロアザミウマのIPM体系で，アザミウマによるナスの被害果率10％を被害許容水準として防除を実施している．理想的には要防除密度などの設定が望ましいが，農家が取り組みやすい方法で防除の可否を決めるだけでも，防除に関する意志決定は簡便になり，散布回数低減の取り組みへとつながる．例えば，果菜類の果実を直接加害するミナミキイロアザミウマについては収穫果実ではなく幼果の被害許容水準を5％あるいは10％と農家が決めて，その被害発生程度に注意を払うこともできる．要防除密度は害虫密度と被害の関係を基本データとして算出されるが，IPMで基幹防除とされている天敵が発生している場合と農薬のみを使用している場合では要防除密度が異なってくる可能性もある．例えば，宮崎県において土着のカブリダニが増えた栽培施設ナスでは，花にいるアザミウマ幼虫をカブリダニが捕食するため，果実への被害は少ない．しかし，この場合ナスの葉や花でのアザミウマ成虫の密度は高いので，化学農薬中心の慣行防除の経験に基づくとその密度はかなり高い被害果率を生じる密度に相当する（山本・大野，未発表）．

まとめると，IPMを実行に移す際に問題となるのは，① 経済的被害許容水準や要防除密度の設定のむずかしさ，② 管理システムとしての複雑さ，③ モニタリングのむずかしさ，④ 農家や指導者に対する技術的支援体制が整っていないことなどである．そして，これらの問題を解決するためには，① 被害許容水準など農家ができる判断基準の設定，② 個々の害虫種が及ぼす被害程度と作物への経済的影響の把握，③ 農薬の特性（効果の持続性，天敵への影響，効果の遅効性または速効性）の把握，④ 他の防除手段，特に土着天敵などの経費が安い防除手段の確立，⑤ 農家への支援システムの確立などが必要である．

1.3.4　IPMと生物的防除

2003年のIPMに関するFAOの再定義によれば，「IPMとは，利用可能なすべての防除技術を慎重に検討した上で，適切な防除手段を総合的に組み合わせることを意味する．ここで言うところの適切な防除手段とは，病害虫および雑草の増加を抑えるだけでなく，農薬や他の防除資材の使用を経済的に正当化

できる水準に抑えながら，健康や環境に対するリスクを減少あるいは最小化する手段である．IPM は，農業生態系のかく乱を最小にしながら健全な作物を生産することを重視するとともに，病害虫の自然制御機構を促進するものである」．この定義は，食の安全・安心を求める消費者の要求に応えるものであり，野生生物や生態系，生物多様性の保全を考慮した環境保全型農業や持続型農業の展開を促している．そして，1960 年代の定義では明記されなかった点すなわち「自然の制御力」を活用するという意味も読み取れる．このような時代背景のなかで，天敵を利用した生物的防除が注目されている．

　FAO の最初の基本概念の提案前後でも，IPM またはそれに似た害虫管理の提案がなされており，そのなかでは「自然の制御力を含む多様な防除手段を試みたうえで，最終手段として化学合成農薬を用いる」という主張もある．IPM のさまざまな定義のなかで，生物的防除を基幹的防除としているものは多い．しかし，各種病害虫の防除で主として使用される化学合成農薬の多くは天敵に悪影響を及ぼす非選択的農薬であり，このことは防除システムのなかから天敵すなわち生物的防除手段が排除されてきたことを意味する．例えば，実際の栽培場面を想定すると，まず販売されている苗には農薬が散布されている．天敵が働くためには，このように使用された農薬の残効がなくなるまで一定の時間を必要とする（長い場合は 1 カ月以上）．ところが，その間にもさまざまな病害虫が発生するので，農薬散布が必要になる．ここで散布された農薬が非選択的農薬であれば，さらに最低で 1 カ月近く天敵が働くことができない．化学的防除に依存した慣行的な IPM（conventional IPM）では，生物的防除との整合性がないといえる（図 1.6 の左）．天敵などの自然の制御力を活用するのであれば，IPM 防除の構成自体を考え直す必要がある．例えば，施設で天敵を放飼する場合（放飼増強法），導入した天敵が定着している場合（伝統的生物的防除）あるいは土着天敵を保護する場合，その働きに期待する（天敵の保護強化）のであれば，まずそれに合わせて使うべき農薬を決める必要がある．この点を考慮すると，天敵などの「生物的防除を基幹とした IPM（biointensive IPM）」は図 1.6 の右のように表される．この IPM では，天敵，性フェロモン，抵抗性品種や耕種的防除技術，天敵に影響が少ない比較的スペクトラムの狭い農薬や生物由来の農薬（biorational pesticides）を組み合わせた技術となる．一般的な IPM と異なる点は，害虫が発生したあとの取り組みではなく，

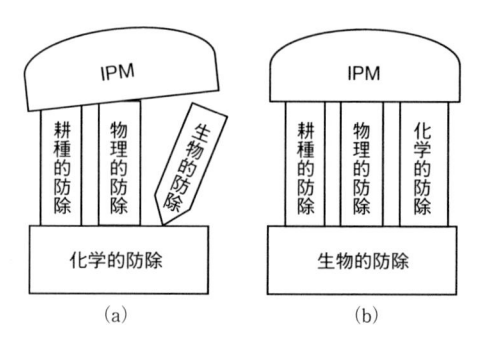

図1.6 複合的な手段による IPM の構成
(a)化学的防除に依存した慣行的な総合的害虫管理（conventional IPM），
(b)生物的防除を基幹とした総合的害虫管理（biointensive IPM）．

栽培前から天敵などの保護を目的とした生息場所（周辺植生など）の管理を進めることにある．例えば，天敵の発生場所となっている雑草を残しながらの草刈り，天敵の餌を供給するような植物を配置したり，天敵の越冬場所となる環境を整備するなどである．

　IPM に関する研究や開発された技術には，特定の害虫種に対して複数の防除手段を統合したものから，各種害虫を総合的に管理する方法を提案したものまでさまざまである．最初に述べたように，IPM の本来の呼び方は「総合的有害生物管理」であるが，現場では害虫管理として取り組まれることが圧倒的に多かった．雑草や栽培上の問題も含めて対処するという意味で，総合的作物管理（integrated crop management；ICM）としての取り組みが適切であるとの意見がヨーロッパではある．また，農家が水稲，野菜栽培，果樹栽培などに加えて，畜産も経営している場合は，ICM よりもさらに大きな枠組みとして総合農法（integrated farming）という語も提唱されている．IPM は ICM に進化すべきであるとの意見もあるが，本書では害虫の防除に焦点を絞るという意味で，IPM の枠組みのなかで生物的防除を考える．〔**大野和朗・仲井まどか**〕

■参考文献
永井一哉（1991）露地ナス栽培でのミナミキイロアザミウマの総合防除の体系，応用昆 35：283-289．
中筋房夫（1997）総合的害虫管理学．養賢堂．
中筋房夫（2008）総合的害虫管理の確立に向けて，岡山大学農学部学術報告 97：83-86．

2. 生物的防除の実際

2.1 伝統的生物的防除

　伝統的生物的防除とは，すでに1.2.1で述べてあるが，外国から有力天敵を導入して定着させ，その永続的効果に期待するという天敵利用法である．この方法は，原理的には土着害虫の防除にも利用可能であるが，定着した外来天敵が害虫以外の土着生物にも影響を与える可能性があるので，現在では，土着害虫に対しては用いていない．一方，侵略的外来生物の防除には切り札的な効果を発揮する場合が多いので，侵入害虫の防除には必ず考慮すべき害虫防除手段の一つとされている．

　伝統的生物的防除が世界的に注目されるようになったのは，アメリカ合衆国カリフォルニア州でカンキツ類に大きな被害を与えていたイセリアカイガラムシの防除で，オーストラリアからベダリアテントウを導入し，劇的な成功を収めたことはすでに述べた．このベダリアテントウの成功例は，害虫防除の有力な手段として生物的防除が世界的に認められた元祖でもある．この手法は，天敵の「永続的利用」と呼ばれる場合もある（1.2.2参照）．

2.1.1 伝統的生物的防除の理論的基礎

　外国からの侵入害虫は原産地ではその害虫を攻撃する天敵によってある程度制御されており，それほど重要害虫でない場合が多い．しかし，有力な天敵が存在しない侵入先では，しばしば難防除害虫化する．1.1節で述べたように，侵入地では天敵による制御から解き放たれたことで害虫化し，原産地のような本来置かれていた自然制御された状態に戻せば害虫でなくなるというのが天敵からの解放仮説（enemy release hypothesis；ERH）で，伝統的生物的防除の

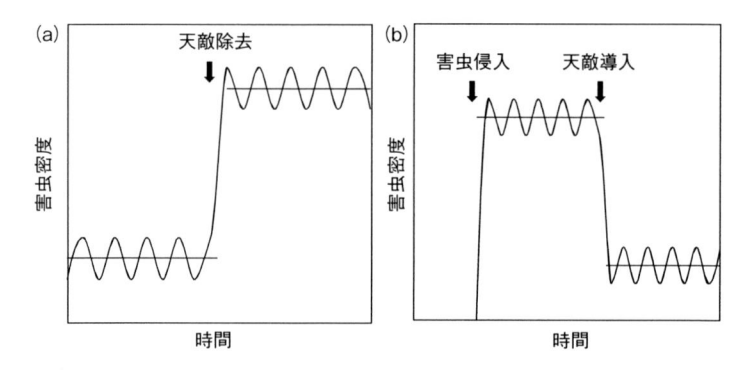

図 2.1 伝統的生物的防除の理論的根拠
原産地でそこの土着天敵によって制御されている害虫も不用意な化学農薬の散布などで天敵がいなくなると難防除害虫になる (a). 一方, 天敵を伴わないで侵入した外来害虫は, その害虫の原産地から天敵を導入することによって低密度に制御される (b).

基本原理である (図 2.1). つまり, その害虫を攻撃する有力天敵を原産地で探索し導入できれば, それは侵入害虫に対する最も効果的な防除方法と考えられている. しかし, どんな特徴を備えた天敵がより伝統的生物的防除に適しているのか, また, 何種類くらいの天敵を導入するのが効果的なのかについて, これまで論争が繰り広げられてきた.

a. 伝統的生物的防除に適した天敵

導入する理想的な天敵として, 経験的には, ① 寄主特異性が高い, ② 害虫と生活史が同調している, ③ 繁殖能力が高い, ④ 餌が少ないときの生存率が高い, ⑤ 寄主探索能力が高い, といった特徴があげられている. しかし, これまでの成功例で導入天敵がこれらの特徴をすべて備えていたというわけでもないので, これらの基準は一応の目安であると考えるべきである. 一方, 害虫個体群をより低密度で安定した状態に保つにはどんな特性をもった天敵が理想的なのかという問題では, 餌-捕食者系の個体群動態に関する理論生態学や個体群生態学的観点から, 室内実験系や理論モデルに関して多くの研究が行われてきた (天敵が捕食寄生者の場合はモデルの細部は異なり, 寄主-寄生者系のモデルとなるが, 結論はほぼ同じなので餌-捕食者系としてここでは扱う).

研究者たちは, どのような条件で餌-捕食者系を低密度安定状態 (図 2.1) に保てるのか, そのメカニズムに興味をもった. 餌-捕食者系が低密度安定状

態に保たれているという状態は，まさに伝統的生物的防除がうまくいったときの状況であり，導入天敵がそれまで猛威をふるっていた侵入害虫を制御するようになる機構は生態学的にも非常に興味あるものであった．しかし単純な系では，害虫の低密度化と安定化は背反する作用であり，単純な数学モデルでは同時達成は困難であった．餌探索能力や増殖能力の高い天敵は害虫を急激に低密度に抑えるが，その一方で系の不安定性につながる．結局は，系のなかに空間の異質性などの複雑性を組み込むことにより，この問題は解決した．例えば，環境に空間的異質性を取り入れた個体群モデルでは，ローカルな個々の局所個体群で絶滅が生じても，それらの局所個体群間で餌と捕食者の移動分散が起こ

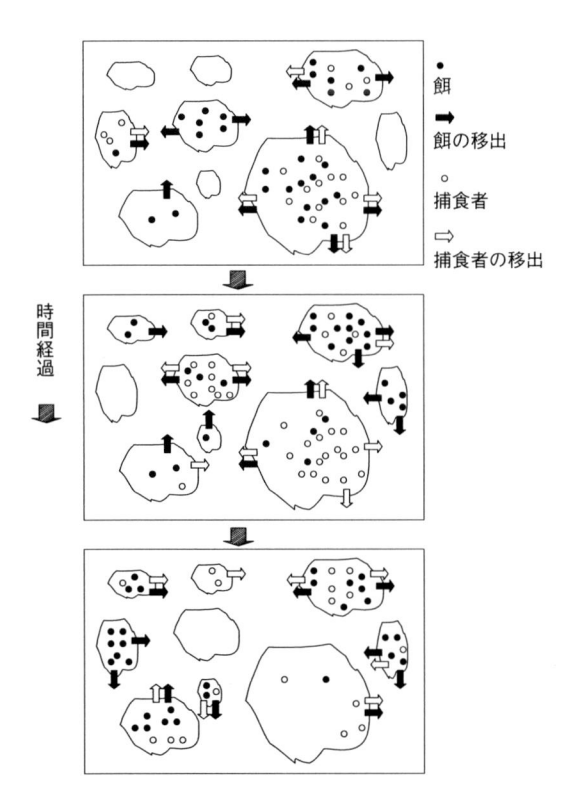

図 2.2 パッチ構造をもつ餌-捕食者系におけるメタ個体群の全体像
ローカルな個々の局所個体群で絶滅が生じても，それらの局所個体群間で餌と捕食者の移動分散が起これば，全体としてのメタ個体群では系は持続する．

れば，全体としてのメタ個体群*では系は持続するのである（図2.2）（日本生態学会，2004）．

実は，空間的な構造をもったメタ個体群モデルを実証する実験的研究は，すでにアメリカ合衆国カリフォルニア州の生物的防除研究者ハフェーカー（Huffaker, 1958）によって行われていた．彼はハダニとその天敵カブリダニの室内飼育系を長期に維持しようと試みた．最初オレンジ1個にコウノシロハダニとカブリダニの1種を放飼したところ，ハダニはカブリダニに食いつくされてしまい，すぐに系は絶滅した．ハダニが食いつくされないような工夫を重ねた結果，252個のオレンジを3段に並べ，3段の棚は数本の木のポールでつなぎ，そこにハダニとカブリダニを放飼した．その結果490日も系を維持させることができた．しかも，系が絶えたのは餌-捕食者関係によるものではなく，病気が発生したからであった．

結論的に言えば，餌-捕食者系を安定させるには，系のなかに餌が捕食者の攻撃から逃れられる何らかの隠れ家（refuge）（2.3.2参照）を確保すればよいということである．空間の異質性は，実はメタ個体群のなかに捕食者が働かない部分を作り出しているということなのである（空間の異質性以外にも，捕食が増えすぎた場合に，捕食者間に相互干渉効果が働いてその餌探索能力が低下する効果や，餌密度が低密度になると餌探索能力が低下するIII型の機能の反応，あるいは，餌密度が低密度になると捕食者が別の種類の餌を探索するようになるというスイッチングなど，餌-捕食者系安定化機構としてこれまで研究されてきたすべてのことが，一言でいえば，いかにすれば捕食者による餌の食いつくしを防ぐかということであった．）ただし，この隠れ家が大きすぎると餌個体群密度が高密度での安定ということになり，生物的防除としては害虫が大発生の状態で安定しているということになる．餌-捕食者系を低密度で安定させるには，確実（robust）だが最小の隠れ家が理想的であるといえる．実際の生態系には空間的異質性をはじめとして害虫側の隠れ家は何らかの形で存在し，天敵に食いつくされることはまれであるとすれば，われわれが天敵に求める能力は，第一には害虫個体群を低密度に制御する能力といえる．

---

*局所的集団が多数集まり，それぞれが生成と消滅をくり返しながら存続している個体群．

b. 導入天敵の種数

　伝統的生物的防除にとって，最も優秀な天敵を1種だけ導入するのといくつかの天敵を組み合わせて導入するのでは，どちらがより効果的かという論争は古くから行われてきた．イセリアカイガラムシの生物的防除が成功して以来，アメリカ合衆国では伝統的生物的防除の目的で世界中から手当たり次第に天敵を導入した（多種導入説）．これに批判的な，カナダの研究グループは複数種の天敵を導入しても，天敵の種間競争が起こる可能性があり，むしろ最も効果的な1種を厳選して導入すべきであると主張した（1種導入説）．

　しかし，実際の生物的防除で導入天敵の種間競争が明らかに負の効果を示した例はあまりなかった．また，導入した国のなかでも，環境条件や季節によって異なった種が有効に働いたり，最初に導入した種ではなくて，何種類目かの天敵がうまくいくといった場合もあった．一般には，伝統的生物的防除の成功率は，9から14種くらいの導入までは徐々に上がっていくが，それ以上の種を導入しても，それ以上は上がらないとされている（Hajek, 2004）．

　一方，同一害虫を攻撃する複数の天敵間の相互作用が生物的防除にとってプラスなのかマイナスなのかといった議論は，その後，ギルド内捕食（intra-guild predation；IGP）や高次寄生者の影響という形で研究が続けられている（2.2.4，3.5.4参照）．ギルド内捕食とは同一種を餌や寄主として利用する天敵相互間で（図2.3），一方的あるいは双方向的に捕食関係がみられる状態である．一方的なギルド内捕食の例としては，寄生者が寄生した寄主を捕食者が丸ごと食べてしまうような場合がある．また，2種のテントウムシの幼虫がそれぞれ相手種の卵を捕食する場合が双方向的なギルド内捕食である．結論から言えば，最終的により害虫を低密度に保てれば，ギルド内捕食や高次寄生者（3.1節参照）を気にする必要はないが，このような複数種が絡んだ個体群の

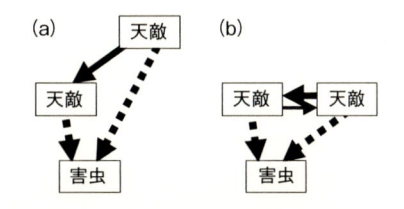

図2.3　ギルド内捕食（実線の矢印）
(a) 一方的捕食関係，(b) 双方向的に捕食関係がみられる状態である．

相互関係がどのような結果になるかは，ケース・バイ・ケースで予想が困難である場合が多い．ただし，天敵導入事業において高次寄生者は排除すべきであるとするのが一般的である（3.1 節参照）．

2.1.2 生態系に与える伝統的生物的防除のリスク評価

伝統的生物的防除は外来生物を新たな生態系に定着させて利用することなので，導入の必要性と生態系への影響などのリスクについて十分に評価する必要がある．1種類の寄主だけに寄生する単食性天敵（3.1.1 参照）の場合には問題になることは少ないが，一応，害虫と近縁の土着生物を攻撃する可能性について確認しておく必要がある．また，土着生物をある程度攻撃する場合は，その土着生物に対する影響と天敵導入がもたらす利益を比較して，天敵導入を選択する場合もありうる．侵入害虫が難防除害虫でその防除には大量の化学農薬散布が必要な場合には，天敵導入を選択すべきであろう．一方，天敵導入の効果があまり期待できない場合や絶滅危惧種などに致命的な影響を与える可能性がある場合には，導入には慎重を期すべきである．

伝統的生物的防除が盛んに行われていた1930年頃には，外来の天敵を導入することによる環境リスクを配慮することはほとんどなかった．しかし，1991年にハワースは，伝統的生物的防除による外来天敵の導入が，在来の非標的生物，土着天敵や標的生物に近縁の植食性昆虫を絶滅させたり，大幅に減少させたりしていることを指摘した．具体的には1935年にハワイからオーストラリアに導入されたヒキガエル *Bufo marinus* により引き起こされた問題（甲虫類の防除の目的で導入されたが防除に失敗しさらに個体数が爆発的に増え害獣となった）や，ハワイにアフリカマイマイ *Achatina fulica* の防除に導入された捕食性カタツムリ *Euglandina rosea* の問題（在来の希少種であるカタツムリ類を絶滅させた）などの例などがある．昆虫天敵の導入については，アブラムシ類の防除に北米に導入されたナナホシテントウ *Coccinella septempunctata* やナミテントウ *Harmonia axyridis* が，土着のテントウムシ類を顕著に減少させた事例がよく知られている．これに対して，外来天敵の導入の是非については，導入した場合の環境リスクと，導入せず何も対策をとらないか，殺虫剤で対処した場合のリスクを比較して，判断するべきであるという考えが提案された．近年，アメリカ合衆国に侵入したコナジラミの一種 *Siphoninus phillyreae*

に対して寄生蜂 *Encarsia inaron* がイスラエルから導入されたが，この考え方に基づいて環境評価が行われた後に導入が認められた．さらに1996年にFAOから「外来の生物的防除資材の輸入と放飼に関する規約」が出された．

現在では伝統的生物的防除だけではなく，放飼増強法において新たな外来天敵を輸入して利用する場合も，慎重な環境リスクの評価が行われるようになっている．

2.1.3 伝統的生物的防除の手順

前述のように，伝統的生物的防除最盛期にはアメリカ合衆国は世界中に昆虫学者を派遣し，世界各地で天敵探索を行い，少しでも有望な天敵を発見すると次々に導入していた．しかし，手当たり次第に天敵を導入しても必ずしも効果があるわけではなく，伝統的生物的防除の成功率は非常に低いものになった．しかも，外国から導入した天敵が土着生物に悪影響を与えたり生態系に負の影響を与えるといった事態が生じた．今日では，外国から天敵を導入する際には，その天敵の生態について十分調査研究した後に行う必要があるとされている．

a. 害虫の正確な同定とその原産地の特定

新しい害虫が問題化した場合，その種の正確な同定がまず必要である．特に，これまで害虫として問題にならない種が急に害虫化した場合，その害虫がわが国にもともといた種なのか，それとも新しい外来種なのか確認する必要がある．もともといた種であれば，その種が害虫化した原因は環境の変化など国内的なものであるから，その原因を取り除けばよい．一方，外来種であればその種がわが国以外の諸外国でどのような状況になっているのか調査することになる．特に，その害虫の原産地での状況を知る必要がある．その害虫が原産地では害虫として重要でない場合は，伝統的生物的防除が非常に有望である．

注意しなければならないのは，問題になっていろいろ研究がなされている地域は，その地域自体がもともとの原産地ではなくて，侵入地である可能性が高いということである．本当の原産地では，その種は天敵などによって低密度に抑えられており，話題にすらあがらないということもある．また，害虫自体の密度がきわめて低い場合は，原産地ではその害虫を採集するのさえ困難な場合もある．後述の 2.1.4e で述べるキャッサバコナカイガラムシの天敵探索にお

いてはこのような状況であった．

b．天敵の生態に関する研究

まず寄主範囲の調査を行う必要がある．その第一歩は，まず文献調査である．調査の進んだ種であれば文献調査でかなり評価できるが，文献による寄主範囲調査の精度は，当然のこととして，そのデータベースの質に依存しており問題点も多い．既知の情報が少ないときには，独自に試験を行う必要がある．その試験方法として，対象種だけを与える非選択実験と，複数種の寄主と同時に与える選択実験がある．どちらがより真実を反映できるのか，あるいは，これらの試験をどのように解釈するべきかでいろいろな意見があるが，一般的にはより簡単な非選択実験から，段階的により大規模な試験に進むべきである．また，文献調査の情報や原産地での野外調査の結果を総合して対象種を決定すれば，かなり少ない種数での選択実験で十分だろう．最後に，非標的種への直接的影響と間接的影響の評価であるが，これは，死亡率や個体群抑制効果から評価を行う．ただし，非標的種への影響は食う者-食われる者の関係や種間競争などさまざまな相互作用を通じて起こるので（高木，2007），そのメカニズムは複雑である．特に，外来の多食性天敵については，利用に慎重になるべきである．

c．大量増殖と放飼

外国から導入した天敵を広範な地域に放飼するには，ある程度大量増殖する必要がある．そのためにはまず，大量増殖を行う前に対象の天敵種に別の種やその高次寄生者などが混入することを避けるために，慎重に検疫を行う必要がある．このような混入が飼育個体群に生じそれを野外放飼した場合には，十分な効果が得られないだけでなく，不必要な外来生物の導入につながる．一方，標的となる害虫はもともと大害虫であるのだから寄主や餌を大量に増殖するのもそれほど困難でないと考えがちだが，害虫が単食性でその寄主植物が樹木の場合には室内増殖が困難な場合もある．カンキツ類を加害するカイガラムシの寄生蜂の場合，カボチャなどで飼育できるカイガラムシを代用寄主として寄生蜂を飼育することでこの問題を解決できる場合がある．

次に，天敵の放飼計画を立てる必要がある．放飼はまず，害虫密度が最も高くなる時期に，特に害虫密度の高い場所を中心に行う必要がある．また，天敵の分散能力が低い場合には，天敵の分布域を速やかに広げるために複数箇所で

の放飼が必要になる．具体的な放飼計画を立てるためには，天敵と害虫の生態学的特徴を十分に把握しておく必要がある．

d. 放飼後調査

実際に試験を始めて，さらに本格的な放飼事業を開始してからも，害虫密度や寄生率，被害程度などの事後評価が必要である．その結果をもとに放飼計画を改良することにより，効率的にプロジェクトを進めることができる．さらに，天敵が定着しても期待していた効果が得られない場合は，天敵の保護利用を試みる必要がある．特に，天敵の原産地と導入した農生態系が著しく異なる場合，天敵の隠れ家や成虫の餌となる蜜源植物の確保などが有効な場合がある（2.3節参照）．

2.1.4 伝統的生物的防除の実例

伝統的生物的防除の目的で，2001年までに2100種以上の天敵昆虫が放飼され200以上の国で600種以上の害虫防除に少なからず効果を発揮している（Hajek, 2004）．わが国ではアメリカ合衆国ほど多くの試みが行われたわけではないので成功率は高くはないが，成功例は7例だけである（表2.1）．

a. イセリアカイガラムシの生物的防除

アメリカ合衆国カリフォルニア州のオレンジ栽培は，本格的なアグリビジネ

表2.1 わが国における伝統的生物的防除の成功例（村上（1997）の成功例に加筆）

害虫	加害植物	天敵	原産地	導入年
Icerya purchasi イセリアカイガラムシ	カンキツ	*Rodolia cardinalis* ベダリアテントウ	オーストラリア	1911
Ceroplastes rubens ルビーロウムシ	カンキツ，チャ，カキ　など	*Anicetus beneficus* ルビーアカヤドリコバチ	中国 (発見地は日本)	1948
Aleurocanthus spiniferus ミカントゲコナジラミ	カンキツ	*Encarsia smithi* シルベストリコバチ	中国	1925
Eriosoma lanigerum リンゴワタムシ	リンゴ	*Aphelinus mali* ワタムシヤドリコバチ	アメリカ合衆国	1931
Unaspis yanonensis ヤノネカイガラムシ	カンキツ	*Aphytis yanonensis* ヤノネキイロコバチ *Coccobius fulvus* ヤノネツヤコバチ	中国	1980
Dryocosmus kuriphilus クリタマバチ	クリ	*Torymus sinensis* チュウゴクオナガコバチ	中国	1979
Hypera postica アルファルファタコゾウムシ	レンゲ	*Bathyplectes aura* ヨーロッパトビチビアメバチ	ヨーロッパ	1988

スとして外国産の果樹栽培が行われた世界で初めての成功例である．夏季は砂漠状態になるカリフォルニア州南部の半砂漠地帯に灌漑を引き温和な気候を利用し，大面積のオレンジ園を展開した．カンキツ類自体にとって北米は新しく導入された場所であり，初めはカンキツの重要病害虫は存在せず，水さえ確保できれば気候的にも恵まれた環境なので，カリフォルニアオレンジのビジネスは大成功であった．しかし，このような単純な農業生態系に天敵を伴わないで外国産の害虫が侵入すれば激甚な害虫になるのは明らかである．1968年頃カリフォルニアに侵入したオーストラリア原産のイセリアカイガラムシは正にその実例であった．新たに問題になったイセリアカイガラムシはオレンジの木を次々に枯死させ，多くのオレンジ園が廃園寸前という状況になった．アメリカ合衆国農務省のライレーは，この害虫がオーストラリア原産であると考え，昆虫学者ケーベレを1888年にオーストラリアに派遣した．到着後ケーベレは2種のイセリヤカイガラムシ天敵を発見し，アメリカ合衆国に輸送した．その1種がベダリアテントウであり，もう1種が寄生バエの一種であった．両種は当初ロサンジェルスに放飼されたが，ベダリアテントウの防除効果は劇的であった．数カ月のうちにベダリアテントウは急速に増殖し，南カリフォルニアのカンキツ類栽培地帯全域に分布を拡大して，イセリヤカイガラムシを無害な程度の密度にまで抑圧した．

　このイセリアカイガラムシが1911年にわが国でも静岡県で初めて発見された．当初，青酸ガス燻蒸などによるイセリアカイガラムシの根絶が試みられていたが，結局はイセリアカイガラムシは九州を含むわが国のカンキツ栽培地帯全域に分布が広がってしまった．本種は，1908年にカリフォルニアから静岡県に輸入されたオレンジとレモンの苗木に付着して侵入していたことが後に確認されている．また，それ以前の1905年に，イセリアカイガラムシは台湾へも侵入していた．当時，台湾は日本領で，その台湾総督府殖産局では1909年にハワイからベダリアテントウを輸入した．このベダリアテントウの威力は世界的に知られていたので，すぐに台湾から静岡県へベダリアテントウを輸入した．その結果，わが国ではカリフォルニアで起こったような悲劇的事態には至らなかった．ベダリアテントウは日本だけでなくイセリアカイガラムシが侵入したほとんどの国に導入され（図2.4），伝統的生物的防除の威力を示す象徴的な天敵になっている．

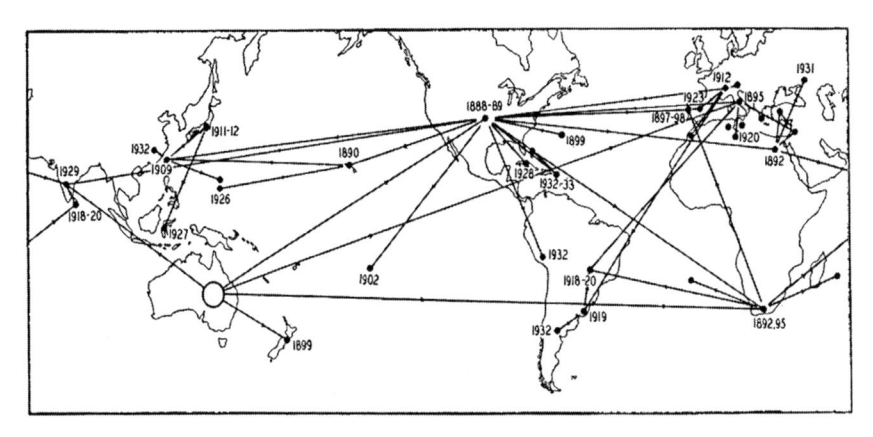

図 2.4 世界中のカンキツ栽培地帯に導入されたイセリアカイガラムシの天敵ベダリアテントウの導入経過（Clausen, 1936）.

近年このイセリアカイガラムシがガラパゴス諸島に侵入し，貴重な自然生態系の脅威になった．そこで，イセリアカイガラムシの防除にベダリアテントウを導入して伝統的生物的防除を試みたところ見事に成功した．ガラパゴス諸島は絶滅危惧種の宝庫であるので，天敵導入に際して普通以上に厳重な環境影響評価を行ったのはいうまでもない．

b．ココナツガの生物的防除

1900 年頃フィジーへ侵入したココナツガ *Levuana iridescens* はココナツの壊滅的な害虫として問題化した．そこで，この害虫の有力な天敵を導入するため，南太平洋の各地で天敵探索が試みられたが，天敵どころかココナツガ自体も発見されなかった．ところが近縁のガを攻撃する寄生バエ *Bessa remota* がマレーシアで発見され，1925 年にフィジーへ導入された．この寄生バエはココナツガを攻撃し，増殖も成功した．この寄生バエを放飼したところその効果は強力であり，ココナツガは絶滅して結果は大成功であった．しかし一方で，この事例は，近年の生物的防除が環境に与える悪影響を指摘する研究者から，導入天敵昆虫が 1 種の昆虫種を絶滅させた例として必ず引用されるものとなっている．昔は人類にとって有害な生物を絶滅させることはすばらしいこととされていたが，今日の価値観からすれば，人類にとってどんなに厄介な生物であっても絶滅させるべきでないとの意見がある．ただし，他の伝統的生物的防除の成功例では対象害虫が絶滅に至った例は一つもなく，ココナツガの生物的防

除の場合は，海洋島で起こった非常に特殊な例と考えられる．

c. ルビーロウムシの生物的防除

ルビーロウムシがどのような経緯でわが国に侵入したのか詳細は不明であるが，1897年頃には長崎市内で本種を確認していたと記録されており，本種の最初の発見は1884年頃とされている．さらに1906～1907年頃には分布を拡大し，その後，1908年静岡県で確認されて以降，全国各地のカンキツ類栽培地帯に分布を拡大したのであるが，苗木の移動がその原因であることは明らかである．本種を攻撃する土着寄生蜂はいくつか発見されたが，経済的許容水準以下に密度抑制できるものはいなかった．さらに，外国からの天敵導入も幾度となく試みられたが，いずれも満足のいく結果には至らなかった．このルビーロウムシが中国からの侵入害虫であるのは明らかであったが，その有力天敵はなんと約40年の時を経て1946年に，九州大学構内で発見された．当初，このルビーアカヤドリコバチは土着寄生蜂のツノロウヤドリコバチが寄主転換したものであると考えられていたが，後に，本種は中国大陸から偶然に導入されたものであることが明らかにされた．

このルビーアカヤドリコバチは日本全国のカンキツ栽培地帯に配布され，歴史的な成功を収めた．この成功例は意図的に外来天敵を導入したものではないが，人為的に導入されたことには間違いないので，伝統的生物的防除の一例であるといえる．このように非意図的導入により生物的防除が成功することはあながち珍しいことでもない．かつては果樹や街路樹で問題となったオオミノガが近年激減した原因は，オオミノガヤドリバエの分布拡大であり，このオオミノガの有力天敵がわが国に侵入した後の状況は，ルビーアカヤドリコバチの場合と似たものであると思われる．

d. ヤノネカイガラムシの生物的防除

明治時代にわが国に侵入した難防除害虫のうちイセリアカイガラムシとルビーロウムシなどは伝統的生物的防除の成功で問題が解決したが，ヤノネカイガラムシは，原産地の中国に有力天敵がいるとされながらも第二次世界大戦後の日中国交断絶により天敵探索ができずにカンキツ類の最重要害虫として残されていた．原産地中国でこれらの侵入害虫の天敵探索が試みられたのは日中国交正常化以降である．

1980年に，ヤノネカイガラムシの天敵を探索する調査団が静岡県から派遣

表 2.2 ヤノネキイロコバチとヤノネツヤコバチの生態学的特徴比較

特　徴	ヤノネキイロコバチ	ヤノネツヤコバチ
寄生様式	外部寄生	内部寄生
総産卵数	少ない	多い
発育速度	早い	遅い
繁殖様式	産雌単為生殖	産雄単為生殖
内的自然増加率[1]	大	小
雌成虫寿命	短い	長い
攻撃可能寄主ステージ	未成熟成虫	成熟成虫＋未成熟成虫
共寄生[2]時の種間競争	優位	劣位
樹内分布[3]	外部	全体

[1] 内的自然増加率：個体群サイズが増加する速度のことで，その生物のもっている潜在的な増殖能力を表す．
[2] 共寄生：同じ寄主に複数種の捕食寄生者が寄生すること．
[3] 樹内分布：捕食寄生者が好む寄主の樹内での生息場所．

された．非常に幸運なことに，この調査団は最初に訪れた重慶市の国営農場で2種の有望な寄生蜂を多数発見し，わが国へ持ち帰った．これら2種の寄生蜂のうち1種はヤノネツヤコバチ *Physcus fulvus*（後に属名は *Coccobius* に変更）と同定され，もう1種は新種でヤノネキイロコバチ *Aphytis yanonensis* と命名された（西野・高木，1981）．その後，わが国のカンキツ栽培県でこれら2種の増殖・放飼事業が大規模に取り組まれ，数年後にはわが国のカンキツ栽培地域に分布を広げ，現在では，ヤノネカイガラムシの個体群密度は無防除のカンキツ園でも低密度に推移している．

　2種の生態学的特性を表2.2にまとめたが，共寄生時の幼虫間の種間競争では外部寄生性のヤノネキイロコバチが優勢である．また増殖能力でも，世代時間が短く産雌単為生殖を行うヤノネキイロコバチの方が優れている．したがって，ヤノネカイガラムシの高密度時に，より速やかに天敵としての効果を発揮できるのはヤノネキイロコバチであると考えられる．一方，寄生する寄主齢期の幅の広さや寄生の樹内分布の調査結果からは，ヤノネツヤコバチの方がより広範に寄主を攻撃できることが明らかになった．また，ヤノネツヤコバチの総産卵数がより多く，雌成虫の寿命も長いので，ヤノネカイガラムシが低密度に推移しているときに，より安定した効果を発揮できるのはヤノネツヤコバチであると考えられる．このように2種は，ヤノネカイガラムシの密度レベルに応じて，相補的に働く生態的特性を備えている．実際は，ヤノネカイガラムシが低密度で安定した園ではヤノネツヤコバチだけが働いている場合も多いが，何

かのきっかけでヤノネカイガラムシが多発したときに，ヤノネキイロコバチが効果を発揮するようである．

e. キャッサバコナカイガラムシの生物的防除

キャッサバは中南米原産の作物で，痩せ地や酸性土壌でもよく育つので，南米やアフリカ，アジアの熱帯で広く栽培されている．栽培が簡単でその根からデンプンがとれるので，中央アフリカの飢餓地帯に導入され，この地域の食糧確保に大きく貢献した．ところが，1973年にそれまで見たこともないコナカイガラムシが大発生して，キャッサバの栽培に壊滅的な被害をもたらすようになり，この地域が再び飢餓地帯に逆戻りしてしまう危機にさらされた．この事態に英連邦生物的防除研究所（CIBC）と国際熱帯農業研究所（IITA）が中心になり国際的な協力のもと，アメリカ合衆国南部やメキシコから中南米全域にわたる大規模な天敵探索が行われた．キャッサバコナカイガラムシに非常によく似たコナカイガラムシから数種の寄生蜂が発見されたが，いずれの種もキャッサバコナカイガラムシでは増殖できなかった．また，アフリカ以外の土地ではキャッサバコナカイガラムシ自体の発見も困難を極めたが，最終的には熱帯農業国際センター（CIAT）によってパラグアイでキャッサバコナカイガラムシが発見された．その後，南米の広い範囲でキャッサバコナカイガラムシとその天敵の探索が行われたが，キャッサバコナカイガラムシの密度が低く，なかなか有望な天敵を発見できなかった．そこで，室内でキャッサバコナカイガラムシを接種した植物をおとりとして野外に置いて天敵採集を試みたところ，ブラジルとボリビアでトビコバチの一種 *Epidinocarsis lopezi* が有望な天敵として発見された．この寄生蜂の最初の野外放飼は1981年に西アフリカのベナン共和国で行われ，その後本種はアフリカのキャッサバ栽培地帯に広く放飼され効果を発揮した．その結果，この有力天敵によってキャッサバ栽培地帯は危機から脱した．

f. アルファルファタコゾウムシの生物的防除

明治以降多くの重要害虫が外国から侵入した経験から，わが国では厳しい植物防疫体制が敷かれている．しかし，その体制をしても海外からの重要害虫の侵入は続いている．そのような侵入害虫の一つであるアルファルファタコゾウムシがわが国で1982年に最初に確認されたのは福岡県と沖縄県であった（奥村・白石，2002）．本種は，もともとは牧草アルファルファの害虫であったが，

わが国では，冬季に水田の緑肥として栽培するレンゲを食害する．本種は関東以西の西南暖地で猛威をふるい，レンゲの害虫として問題になった．レンゲは養蜂業者にとって春季の重要な蜜源植物であり，アルファルファタコゾウムシがその花をも加害することで，レンゲ蜜の採取量が皆無に近くなり，さらにその分布を北日本にまで拡大しようとしていた．

アルファルファタコゾウムシの生物的防除は，イセリアカイガラムシの場合と同様，北米ではすでに確立しており，現在，伝統的生物的防除を基盤にした本種の総合的害虫管理システムが機能している．そこでわが国でも，本種に対して生物的防除を行うべく，門司植物防疫所が米国農務省（USDA）を通じて4種の寄生蜂，ヨーロッパトビチビアメバチとタコゾウチビアメバチ，ヨーロッパハラボソコマユバチ，タコゾウハラボソコマユバチを，1988年から1989年にかけて導入し，それらの増殖事業を開始した（奥村・白石，2002）．さらに，長年にわたって九州各県と山口県で試験的に放飼し続けたが，いずれの種もなかなか定着しなかった．

北米では本種は牧草アルファルファの重要害虫として問題になっており，牧草地は年間を通じて牧草地である．ところが，わが国では，春季にレンゲが開花した後，初夏には圃場は耕起され灌水され水田として利用される．アルファルファタコゾウムシは年1化で，春季の幼虫期を経て夏には成虫で夏眠する．つまり，アルファルファタコゾウムシ成虫はレンゲがなくなればどこかへ分散して，そこで夏眠しているわけである．秋から冬にかけて水田にレンゲが現れる頃，また戻ってきてレンゲに産卵する．一方，アメバチ2種は幼虫寄生蜂なので，そのマユ（繭）は水田に残ったまま水死するということになる．したがって，北米における牧草地の生態系に比べ，わが国の水田の生態系ではこれらの導入天敵が定着しにくかった．しかし，最終的には，1991年から1992年にヨーロッパトビチビアメバチを放飼した北九州市門司区の放飼地点の近くで，1996年に本種の定着が確認され，その後，定着地も拡大し，レンゲに対するアルファルファタコゾウムシの被害も減少した．このヨーロッパトビチビアメバチ定着地は，水田の周辺にカラスノエンドウなどマメ科の雑草が比較的多い地域である．その後アルファルファタコゾウムシの被害が問題になっている他県でも，本種の放飼試験が行われている．

◯◯ 2.1.5　伝統的生物的防除の今後 ◯◯

伝統的生物的防除はこれまでに 120 年間にわたって世界中で試みられ，少なくとも 165 種以上の害虫の防除に役立っている（Bigler *et al*, 2006）．農産物の国際化に伴い侵略的外来生物の侵入を皆無にできない今日，いったん定着した侵入害虫に対しては伝統的生物的防除が切り札的な防除法となる可能性が高い．しかし，有益生物といえども外来生物の導入については，その環境リスクについての十分な検討と社会のコンセンサスを得る必要がある．すなわち，伝統的生物的防除のリスクと便益に関して，それらを注意深くかつバランスよく天秤にかけて実行の是非を決定することになる．しかし，それぞれの項目にどのような重みをかけるのかは，国（あるいは州）によって異なるのかもしれない．それぞれの社会の利害関係者（stakeholder）が議論して決めることになるのであろう．
〔髙木正見〕

■引用文献

Bigler, F.,D. Babendreier and U. Kuhlmann（2006）*Environmental Impact of Invertebrates for Biological Control of Arthropods.* CABI Publishing. 299 pp.
Clausen, C. P.（1936）*Ann. Ent. Soc. Amer.* **29**：201-223.
Hajek, A.（2004）*Natural Enemies AnIntroduction to Biological Control.* Cambridge University Press. 378 pp.
Huffaker, C. B.（1958）*Hilgardia* **27**：343-383.
村上陽三（1997）クリタマバチの天敵─生物的防除へのアプローチ．九州大学出版会．
西野　操・高木一夫（1981）植物防疫 **35**：253-256.
日本生態学会（2004）生態学入門．東京化学同人．
奥村正美・白石昭徳（2002）植物防疫 **56**：329-333
髙木正見（2007）植物防疫 **61**：620-624.

2.2　放飼増強法による生物的防除

◯◯ 2.2.1　放飼増強法 ◯◯

　温室や畑作物，露地野菜の圃場で，土着天敵の効果が期待できない場合，人為的に天敵を放飼して天敵の効果を増強する方法が考えられ，放飼増強法（augmentation）と呼ばれる．この方法は，わが国では一般に生物農薬的利用と呼ばれ，大量放飼（inundative release）と接種的放飼（inoculative release）

に分けられる．前者は放飼個体の捕食や寄生による直接の防除効果を期待して天敵を大量放飼する方法で，後者は前者と比較して，少量の天敵を放飼して増殖させ，後代の防除効果を利用する方法である．放飼増強法では，常時天敵を室内で大量に生産して供給できる体制が必要となる．

　放飼増強法の長所は土着害虫，侵入害虫いずれも対象にできることであり，天敵も土着天敵，導入天敵の両方が利用できる．短所は室内で累代飼育により大量増殖された天敵の能力が低下する可能性があること，生産コストがしばしば高くなることである．そのため，商品価値の高い施設栽培野菜などの作物に利用するか，安いコストで生産できる天敵の利用に限定される傾向が強い．放飼増強法では天敵放飼の時期や密度が，防除効果に大きく影響するのが技術的特徴である．

　欧米では専門の天敵生産会社が天敵を生産し商品として販売している．旧ソ連や中国のように，国家事業として大規模な生産ラインにより大量に生産，供給するケースも多い．放飼増強法は生産や利用の仕方が農薬に似ており使いやすい面はあるが，1種の天敵により防除できる害虫種が限定される．わが国においては，放飼増強法の普及は天敵の農薬登録取得により進展した．表2.3

表2.3　害虫防除に農薬登録のある節足動物天敵（2006年現在）

天敵名	天敵の特徴	対象害虫
イサエアヒメコバチ	単寄生性外部寄生蜂	ハモグリバエ類
ハモグリミドリヒメコバチ	単寄生性外部寄生蜂	ハモグリバエ類
ハモグリコマユバチ	単寄生性内部寄生蜂	ハモグリバエ類
オンシツツヤコバチ	単寄生性内部寄生蜂	コナジラミ類
サバクツヤコバチ	単寄生性外部内部寄生蜂	コナジラミ類
コレマンアブラバチ	単寄生性内部寄生蜂	アブラムシ類
ショクガタマバエ	吸汁性捕食者（幼虫のみ捕食）	アブラムシ類
ナミテントウ	咀嚼性捕食者（幼虫，成虫が捕食）	アブラムシ類
ヤマトクサカゲロウ	吸汁性捕食者（幼虫のみ捕食）	アブラムシ類
ナミヒメハナカメムシ	吸汁性捕食者（幼虫，成虫が捕食）	ミカンキイロアザミウマ ミナミキイロアザミウマ
タイリクヒメハナカメムシ	吸汁性捕食者（幼虫，成虫が捕食）	アザミウマ類
アリガタシマアザミウマ	吸汁性捕食者（幼虫，成虫が捕食）	アザミウマ類
ククメリスカブリダニ	吸汁性捕食者（幼虫，成虫が捕食）	アザミウマ類，ケナガコナダニ
デジェネランスカブリダニ	吸汁性捕食者（幼虫，成虫が捕食）	アザミウマ類
チリカブリダニ	吸汁性捕食者（幼虫，成虫が捕食）	ハダニ類
ミヤコカブリダニ	吸汁性捕食者（幼虫，成虫が捕食）	ハダニ類

に現在農薬登録されている節足動物天敵16種を示したが，ほとんどが施設栽培の野菜・花きの害虫を防除対象としている．

2.2.2 放飼増強法に利用する天敵
a．捕食寄生者

放飼増強法に利用される捕食寄生者は，寄生蜂か寄生バエのどちらかに属する．わが国で農薬登録され，施設栽培野菜・花きの害虫防除に利用されている捕食寄生者6種はすべて単寄生性の幼虫寄生蜂である．ハモグリバエ類に寄生するイサエアヒメコバチ *Diglyphus isaea*（図2.5）とハモグリミドリヒメコバチ *Neochrysocharis formosa* が外部寄生者であり，寄生時に寄主幼虫を殺す．他の4種は内部寄生者である．防除対象害虫はハモグリバエ類，コナジラミ類およびアブラムシ類である（表2.3）．

わが国では実用化されていないが，諸外国では *Trichogramma* 属の寄生蜂（タマゴコバチ類）がトウモロコシやサトウキビなどの畑作物，キャベツなどの露地野菜のチョウ目害虫の防除に広く利用されている．タマゴコバチ類は，タマゴヤドリコバチ科に属する単寄生性または多寄生性の内部寄生蜂である．タマゴコバチ類は多食性であり，8目にまたがる300種以上の昆虫の卵に寄生するが，特にチョウ目昆虫卵の寄生蜂として重要である．発育初期段階の寄主卵に寄生，産卵し，卵の内部で卵，幼虫，蛹のすべての発育段階を完了した

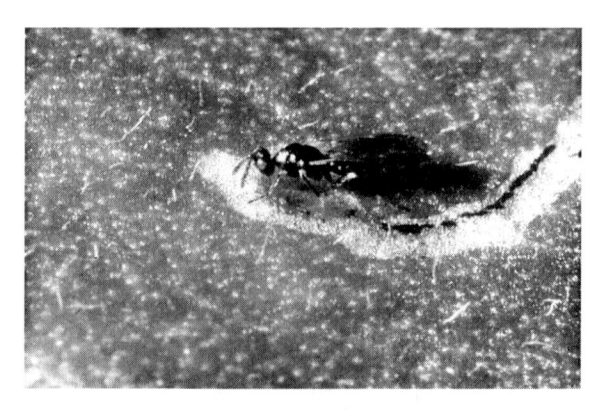

図2.5 ハモグリバエ類の寄生蜂イサエアヒメコバチ成虫（写真：アリスタライフサイエンス社提供）

後，成虫が羽化する（1.2.2参照）．

b．捕　食　者

捕食者は，他の生物を捕獲して餌として食べる生物で，直接咀嚼して食べるもの以外に，針状の口器で害虫の体液を吸収して殺すタイプの吸汁性捕食者も多い．放飼増強法に利用される捕食者は，捕食性昆虫または捕食性ダニである．わが国で施設栽培野菜・花きの害虫防除に利用されている捕食者は10種にのぼるが，うち4種が捕食性のダニである（表2.3）．ナミテントウ以外はすべて吸汁性捕食者である．ヤマトクサカゲロウとショクガタマバエは幼虫期にのみ捕食するが，他の種は幼虫，成虫期のいずれにおいても捕食する．防除対象害虫はハダニ類，アザミウマ類，アブラムシ類である．ミヤコカブリダニのみ果樹のハダニ類にも利用できる．

2.2.3　放飼増強法における天敵の利用法

a．施設栽培野菜・花き害虫に対する天敵利用

捕食寄生者の製剤は，カード製剤と成虫の製剤がある．現在登録のあるトマトのオンシツコナジラミの防除にオンシツツヤコバチを利用する場合，厚紙の上にマミー（寄生蜂の寄生を受けたコナジラミの幼虫の体色が黒変したもので，数日後寄生蜂の成虫が脱出羽化する）を張り付けた製剤を，カード状に切り分けてトマトの株上に設置する．1株当たり2頭の放飼密度で，1週間間隔で4, 5回程度繰り返して放飼する．放飼はコナジラミの発生が確認されたら，できるだけ速やかに行うことが，確実な防除には重要である．コナジラミの発生確認後放飼していたのでは失敗する可能性もあるので，発生が確認できない時点から定期的に放飼する方法も推奨されている．コナジラミ成虫は黄色に誘引される性質があるため，発生調査には黄色粘着トラップがよく利用される．最初のマミー製剤の設置から3〜4週間程度で，作物上に次世代のマミーが出現し始める．その後羽化した成虫がコナジラミ幼虫に寄生して，寄生率が上昇しコナジラミの増加を抑圧する．寄生率が60％程度になるのが防除の成功の目安とされる．カード製剤としてはこれ以外にサバクツヤコバチがあり，オンシツツヤコバチと使用法は同様である．

ハモグリバエ類の寄生蜂であるイサエアヒメコバチ，ハモグリコマユバチ，ハモグリミドリヒメコバチ，アブラムシ類の寄生蜂コレマンアブラバチは，成

虫をそのまま放飼する製剤である．ハモグリコマユバチとイサエアヒメコバチの製剤にはそれぞれの1種のみの単剤と両種を含む混合剤とがある．放飼密度はイサエアヒメコバチ単剤が10a当たり100〜200頭，ハモグリコマユバチ単剤が250〜500頭，混合剤が1000〜2000頭となっている．ハモグリバエの発生初期から放飼を開始し，1週間間隔で3回もしくはそれ以上放飼する．コレマンアブラバチは，ボトルに入った成虫を1m²当たり1〜2頭の密度で，発生初期から1, 2週間間隔で連続して放飼する．初期から予防的に高密度で放飼し，また連続してアブラバチが存在するようにしないと効果が安定しない．

　ハダニ類の捕食者であるチリカブリダニ（図2.6）の製剤としては，500ccのプラスチックボトルに約2000頭のカブリダニをバーミキュライトなどに混ぜて入れたものが一般的である．よく混ぜてバーミキュライトなどを一定量葉上に置けば，一定量のチリカブリダニが放飼される．ハダニの防除に利用する場合，最初の放飼はハダニの発生初期に，1m²当たり2頭または1株当たり1頭を放飼する．以後ハダニの発生に応じ2回目以後の放飼を行う．1回の放飼で十分な場合もあるが，通常は2回放飼することが多い．放飼後3〜4週間でハダニの密度が低下し始め，その後ハダニの密度をかなり低下させるが，餌がなくなると分散する．

図2.6 ハダニ類の捕食者チリカブリダニ成虫（写真：天野　洋氏提供）

他の捕食者の製剤もショクガタマバエを除いて成虫をバーミキュライトなどとともにボトルに封入した製剤である．ショクガタマバエの場合は，成虫ではなく蛹がボトルに封入されているが，使用法は成虫製剤と同様である．

b．タマゴコバチ類の利用

タマゴコバチ類の利用法としては，大量放飼が主流である．直接的で一時的な効果をねらいとするので，放飼のタイミングが重要であり，冷涼な地域の1化性または2化性の害虫の防除に適している．タマゴコバチ類の大量放飼における放飼量は，中国では，害虫の世代当たり ha 当たり放飼量は，アワノメイガの場合 45000〜345000 頭，コブノメイガの場合 60000〜750000 頭である．実際はこれらの放飼量が各世代に対し何回かに分けて放飼される．また森林や果樹害虫に対する放飼量は野菜や畑作物の害虫よりも多くなる．

実際の野外放飼では，タマゴコバチ類の成虫に寄生されたスジコナマダラメイガ，バクガ，ガイマイツヅリガの卵（マミー）が大量生産され，それを厚紙に貼り付けたり，容器に封入したり，増量剤と混ぜて放飼される．手作業による地上放飼は労力はかかるが，多くの国で実際の防除のための放飼法となっている．先進国における商業的な大規模放飼では，放飼労力の関係から広域散布方式がとられている．地上散布と空中散布が考案されている．地上散布ではエアゾール方式，背負い式散布器，スプレーヤーなど農薬の散布器を利用した方式が考案されている．空中散布はアメリカ合衆国では 1970 年代後半になって，ワタ害虫に対する放飼に試みられるようになった．フスマやデンプン粉に混ぜて，軽飛行機で散布する方法が開発された．カナダでは 1980 年代前半に，森林害虫トウヒノシントメハマキの防除に *Trichogramma. minutum* を散布するため，ヘリコプターを利用した散布法が開発された．

○○ 2.2.4　施設園芸害虫の天敵利用において天敵の効果に及ぼす要因　○○

a．天敵の種類と特性

ある害虫を防除しようとする場合，天敵の種類により効果は異なる．サベリスとファンライン（1997）は，アザミウマ類に対する種々の捕食性天敵（カブリダニ類，捕食性アザミウマ類，ヒメハナカメムシ類，ハナカメムシ類，カスミカメムシ類，テントウムシ類，クサカゲロウ類）を比較して，大型の天敵ほど捕食能力が高く，小型の天敵ほど増殖能力が高いことを指摘した．また簡単

なモデルを作成し，狭い区域においては，カブリダニ類などの小型捕食者は増殖能力が高いため，放飼条件にかかわらず長期的には必ず害虫を抑圧するが，大型捕食者は増殖能力が低いため，害虫に対する捕食者の初期密度比率があまり低いと害虫を抑圧できないことを予測した．したがって，放飼した天敵による即効的な直接効果を重視する場合は，捕食能力の高い大型捕食者，次世代以後の増殖による長期的抑圧効果を重視するのであれば，増殖能力の高いカブリダニ類などの小型捕食者がよいと思われる．

寄生性天敵の場合，寄生が増殖に直結しているため，一般的な増殖能力の指標である内的自然増加率が防除効果の指標とされる．単寄生性捕食寄生者では，内的自然増加率が対象害虫より高くなければ抑圧効果は低いと思われる．探索能力は，特に低密度の害虫に対する天敵の効果の評価にはきわめて重要である．探索能力を測る方法としては，植物（株やポット植え植物）を丸ごと収納したケージ内に，寄主や餌昆虫と天敵を放飼して反応を調べる方法が考えられる．

ハモグリコマユバチやイサエアヒメコバチの有効性に関する要因や，両種の使い分けについては，両種の増殖能力や寄主であるハモグリバエとの同調性，種間干渉に関連付けて議論されている．マメハモグリバエと両種の内的自然増加率を比較すると，15℃では，両種の寄生蜂はほぼ同等で，それ以上ではイサエアヒメコバチが高く，25℃ではハモグリコマユバチの値はマメハモグリバエとほぼ同じになる．増殖能力の点では常にイサエアヒメコバチの方が優れているといえる．ハモグリコマユバチの優れている点はマメハモグリバエと発育日数がほぼ同じで，発生が同調することである．探索能力は，飛翔能力の優れたハモグリコマユバチの方が高いと予想される．種間の相互干渉では，外部寄生蜂のイサエアヒメコバチが，内部寄生性のハモグリコマユバチより常に有利であると考えられる．以上からハモグリコマユバチは低温でハモグリバエの密度の低い発生初期に予防的に利用するのに適しており，イサエアヒメコバチは春から秋の高温時でハモグリバエが多発したり，土着寄生蜂の侵入が起きそうな状況で放飼するのに適していると考えられる．

b．物理的環境条件

物理的環境条件のなかで，天敵の効果に一般に最も影響が大きいのは温度条件である．実用化されている天敵は大部分 20〜25℃で最も効果が高い．それ

より高温では，生存率や産卵数の低下が起こり，低温では発育が遅延し，生存率も低くなる結果，増殖能力が低下することが多い．低温条件は天敵の探索能力や捕食能力を低下させる．北欧の温度管理の行き届いたガラス温室で天敵の効果が安定しているのは，温度条件の好適さが一因である．

　湿度については，カブリダニ類やショクガタマバエは乾燥に弱いとされている．寄生蜂類や，やや大型の捕食者は湿度の影響はあまり受けない．チリカブリダニの利用の重要な問題点は，活動が温湿度に強く影響されることである．チリカブリダニは25℃ではハダニより速やかに増殖するが，15℃ではほとんど増殖せず，30℃近くになると温度が高くなっても増殖速度がほとんど速くならない．さらに30℃以上では捕食活動が鈍り，33℃以上では繁殖障害が引き起こされる．低温も捕食能力に影響し，雌成虫の捕食能力は20℃以下では急速に低下し，10℃ではほとんど捕食しなくなる．相対湿度（relative humidity；RH）もかなり強く影響する．卵のふ化率は湿度50％以下では極端に低下するが，成虫の捕食能力は33％程度の低湿度でむしろ高く，100％では著しく低下する．以上からチリカブリダニの活動に好適な温湿度は15～30℃，50～90％RHであるといわれている．

　日長は昆虫の休眠の誘起に関係している．温帯性の捕食性天敵の多くは，成虫が短日条件で生殖休眠に入る．寄生蜂でも短日で休眠する種は多い．生殖休眠に入ると雌成虫が産卵せず増殖が不可能となる．これを克服するため，非休眠性の種や系統を利用するか，人工照明で休眠を打破するなどの方法がとられている．ヒメハナカメムシ類は，多くの種が短日条件で成虫が生殖休眠に入るため，増殖が不可能となることが利用する際の制限要因になると考えられている．対策としては，非休眠性の種や系統を利用する方法が一般的である．この意味から現在わが国では，最初に登録された休眠性の強いナミヒメハナカメムシより，休眠性の弱いタイリクヒメハナカメムシの利用が拡大している．またイギリスでは，温室内を人工照明で長日にして休眠を打破する方法が試みられている．利用され始めた頃のククメリスカブリダニの大きな欠点は，短日条件における生殖休眠による効果の低下であった．これについては，非休眠性のディジェネランスカブリダニの利用技術の開発と同時に，室内淘汰による非休眠系統の作出が試みられた．休眠性の弱いニュージーランドの系統を10世代淘汰した結果，休眠率を0にすることができ，休眠誘起条件下でも休眠しなかっ

た.

c. 放飼方法

オンシツツヤコバチの現在の放飼方法は，イギリスで開発されたドリブル法と呼ばれる方法に基づいている．ドリブル法には，害虫の発生調査に基づいて最初の天敵の放飼を行い，以後定期的に数回再放飼する方法と，発生調査をせずに育苗期から，または作付け開始直後から，定期的に天敵放飼を行う方法がある．これ以外にもコナジラミをあらかじめ放飼しておいてから寄生蜂を放飼

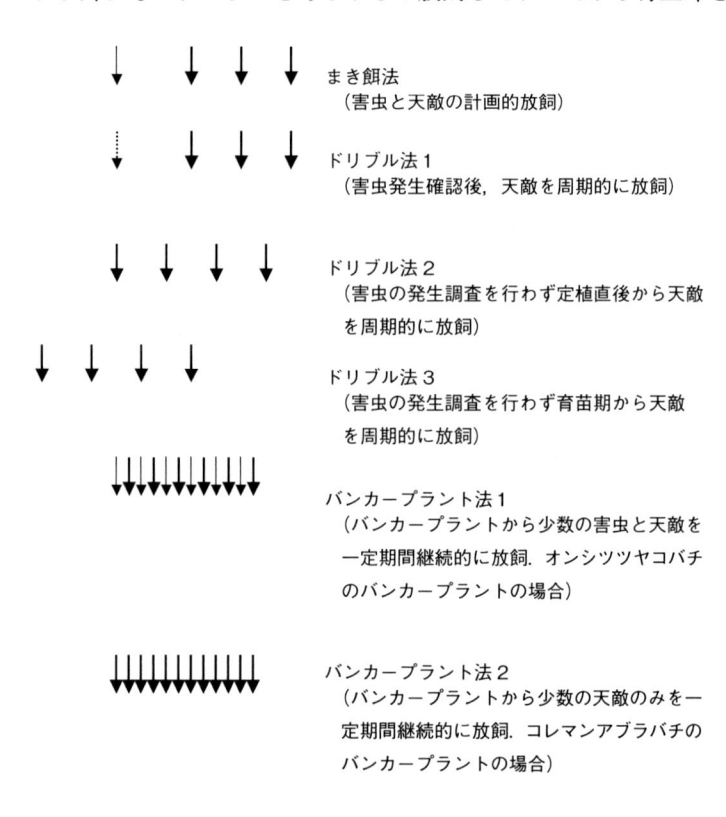

```
 ↓   ↓   ↓   ↓     まき餌法
                  （害虫と天敵の計画的放飼）

 ↓   ↓   ↓   ↓     ドリブル法1
                  （害虫発生確認後，天敵を周期的に放飼）

     ↓   ↓   ↓   ↓  ドリブル法2
                  （害虫の発生調査を行わず定植直後から天敵
                   を周期的に放飼）

 ↓   ↓   ↓   ↓     ドリブル法3
                  （害虫の発生調査を行わず育苗期から天敵
                   を周期的に放飼）

 ↓↓↓↓↓↓↓↓↓↓↓       バンカープラント法1
                  （バンカープラントから少数の害虫と天敵を
                   一定期間継続的に放飼．オンシツツヤコバチ
                   のバンカープラントの場合）

 ↓↓↓↓↓↓↓↓↓↓↓       バンカープラント法2
                  （バンカープラントから少数の天敵のみを一
                   定期間継続的に放飼．コレマンアブラバチの
                   バンカープラントの場合）
```

育苗期	定植後

定植

図2.7　施設栽培の害虫防除のための種々の天敵放飼方法
実線の太い矢印は天敵放飼，細い矢印は害虫の放飼を示す．点線の矢印は発生調査による害虫発生確認を示す（矢野，2003）．

するまき餌法，コナジラミ幼虫とオンシツツヤコバチのマミーの着生した植物を温室内に持ち込む，バンカープラント法なども同時に考案されたが，いずれもコナジラミの放飼が好まれず普及しなかった（バンカープラント法については p.57 を参照）．最近では，ポインセチアに発生するコナジラミ類を対象にして，栽培期間中継続的にオンシツツヤコバチを放飼する大量放飼法も試みられている．現行の施設栽培における天敵の放飼方法は，基本的にドリブル法に基づいているが，捕食者の場合は，生産コストが高いことや即効性が高いため，放飼回数は寄生性天敵に比べやや少ない（図 2.7）．

　天敵放飼の時期，密度および放飼回数はその効果に強く影響する．放飼時期は一般に，対象害虫の発生が確認され次第できるだけ早く行うのがよいとされる．しかし寄生性天敵の場合，寄生できる害虫の発育ステージが限定されているので，その発育ステージの害虫が存在しないと放飼後の寄生が効率的に行えない．分散能力の高い捕食者は，害虫の密度が極端に低くなると害虫を捕食せず分散してしまうことも考慮する必要がある．チリカブリダニの場合は，放飼量を決めるのに，ハダニに対するチリカブリダニの初期密度比が重視されているが，チリカブリダニの初期密度比が高いほど効果は高い．放飼の初期密度は，チリカブリダニに対するハダニの密度を 30 倍以下にするのが望ましいとされている．

　継続的なコレマンアブラバチの放飼をねらいとして，代替寄主としてムギク

図 2.8　小麦を利用したコレマンアブラバチ用バンカープラント

ビレアブラムシを着生させたプランター栽培の小麦を，バンカープラント（図2.8）として温室内に持ち込んでから，コレマンアブラバチの放飼を行うバンカープラント法が考案され，2週間ごとの連続放飼より効果の高いことが証明された．同様のバンカープラントを利用して，コレマンアブラバチとショクガタマバエの同時放飼も試みられ，キュウリのワタアブラムシの迅速かつ継続的な防除に成功した．オンシツツヤコバチのバンカープラント法に比べ，害虫ではない代替寄主を使用するので，バンカープラントが害虫の発生源となる可能性がなく，より実用性は高い．バンカープラント法は害虫の発生の有無にかかわらず天敵を放飼できるので，天敵の効果は通常の放飼より安定すると考えられる．

d．作物の種類

作物の種類は天敵の効果に影響する．同じ天敵と害虫の組み合わせでも，害虫の増殖率は作物の種類によって異なる．害虫の増殖の遅い作物の方が同じ天敵を使った場合，天敵の効果が高くなる．害虫の増殖には，発育速度，卵・幼虫期の生存率，成虫の産卵・寿命などが影響する．一般に好適な寄主植物ほど害虫の発育が早く，生存率が高く，産卵数が多くなる傾向がある．特に産卵数は寄主植物の違いによる差異が大きい要因であり，増殖能力に強く影響する．オンシツツヤコバチのオンシツコナジラミに対する効果がキュウリよりトマトで高いのは，作物の種類によるコナジラミの増殖率の違いが一因と思われる．

天敵は植物体上を歩いて探索するのが普通であるが，作物の種類によっては表面に毛茸が多かったり，粘液を出したりするものもあり，天敵の探索効率に影響することが考えられる．オンシツツヤコバチの効果がトマトよりキュウリで劣る原因として，キュウリの毛茸がオンシツツヤコバチの寄主探索の妨げになっているためであると考えられており，実際にトマト葉上の歩行速度はキュウリより速いことがわかっている．

e．天敵の代替餌，寄主の利用

放飼後の天敵の効果を安定化させるポイントの一つが，天敵に対する代替餌，寄主の供給である．捕食性天敵のなかでも，カブリダニやヒメハナカメムシなどは花粉食の習性を示す種が多く，花粉は代替餌として重要である（3.5.4参照）．例えばミカンキイロアザミウマとククメリスカブリダニの個体数変動は，ピーマンのようなククメリスカブリダニの代替餌として花粉が利用

できる場合,安定化する.アザミウマに対するヒメハナカメムシの効果がピーマンで安定していて,キュウリでは不安定な理由として,ピーマンにおける十分な花粉生産とキュウリにおける花粉生産の欠如があげられている.ピーマンではカブリダニやヒメハナカメムシは,餌生物がなくなっても花粉を食べて生存でき,ディジェネランスカブリダニのように花粉だけで十分増殖可能な種もある.バンカー植物法も,植物に害虫ではない寄主昆虫を接種し,それを温室内に設置して天敵の安定した供給源とする方法であり,代替寄主の供給による天敵の保全になっている.

f. 複数種の天敵の併用

ある作物で複数種の天敵を利用する場合,天敵間の相互作用を考慮しなければならない.ハモグリバエ類に利用される寄生蜂のように,2種の天敵を混合して放飼する製剤もある.特に1種の害虫に対して複数種の天敵を利用する場合は,相互作用が起こる可能性が高く,この場合の天敵間の捕食(または寄生)はギルド内捕食(IGP)といわれている(2.1節,3.5節を参照).ギルド内捕食は天敵の対象害虫への防除効果に影響する可能性や,放飼天敵の土着天敵への影響評価における重要性から注目されている.天敵間相互作用のなかでも,ギルド内捕食における優劣はある程度予測できる.捕食者間では大型の捕食者の方が小型捕食者を捕食する傾向がある.寄生者間では外部寄生者の方が,内部寄生者より優位である.また寄生された昆虫は捕食者に食われてしまうことがある.施設園芸害虫防除に利用されている天敵間においてもギルド内捕食が起こっていると考えられる(表2.4).

ギルド内捕食以外に,例えばコナジラミ類の防除に利用されるオンシツツヤコバチとサバクツヤコバチの間では,種間競争による相互作用も考えられる.

表2.4 わが国で登録のある天敵類で起こるIGPの組み合わせと優勢種と劣勢種(矢野,2004)

作物	害虫	優勢種	劣勢種
トマトなど	マメハモグリバエ	イサエアヒメコバチ	ハモグリコマユバチ
ナスなど	ワタアブラムシ,モモアカアブラムシ	ショクガタマバエ	コレマンアブラバチ
ナス,ピーマンなど	アザミウマ類	タイリクヒメハナカメムシ	ククメリスカブリダニ
イチゴなど	ハダニ類	ミヤコカブリダニ	チリカブリダニ
ナスなど	アブラムシ類	ナミテントウ	ショクガタマバエ
ナスなど	アブラムシ類	ヤマトクサカゲロウ	ショクガタマバエ

温室内では，複数種の害虫が発生するのが普通であり，複数の害虫に対してそれぞれ利用される天敵間の相互作用も起こりうる．例えばナスではアブラムシ類に対して利用されるコレマンアブラバチに寄生されたアブラムシやショクガタマバエの幼虫が，アザミウマ類の防除に利用されるタイリクヒメハナカメムシに捕食されることが考えられる．複数種の天敵を併用した場合の防除効果については，種間の相互作用で効果が著しく低下したような例はあまりなく，単独種使用より効果は高いと考えられる（2.2.1項参照）．

温室周辺に生息する土着天敵と，放飼した天敵間の相互作用も重要である．ハモグリバエ類の場合，季節によっては土着寄生蜂の効果が高く，商品化した寄生蜂の放飼が不要となることが多い．逆に外来の天敵が放飼後温室の周辺に脱出・定着して周辺の土着天敵に影響を与えるリスクも懸念されている．

〔矢野栄二〕

■参考文献

Albajes, R., M.A. Gullino, J.C. van Lenteren and Y. Elad（eds.）(1999) *Integrated Pest and Disease Management in Greenhouse Crops*. Kluwer Academic Publishers, Dordrecht, The Netherlands. 545 pp.

Heinz K.M., R.G.vanDriesche and M.P. Parrella（eds.）(2004) *Biocontrol in Protected Culture*. Ball Pubishing, Batavia, Illinois, USA. 552pp.

マライス，マーレーン・ウイレム・ラーフェンスベルグ（1995）天敵利用の基礎知識（和田哲夫ほか訳）．農山漁村文化協会，東京．116pp.

森樊須（1993）天敵農薬―チリカブリダニその生態と応用．日本植物防疫協会，東京．130pp.

日本植物防疫協会（2006）生物農薬＋フェロモンガイドブック2006．日本植物防疫協会，東京．367pp.

Ridgway, R.L. and S.B. Vinson（eds.）(1977) *Biological Control by Augmentation of Natural Enemies*. Plenum Press, New York. 480pp.

Sabelis, M.W. and P.C.J. van Rijn（1997）Predation by insects and mites. In *Thrips as Crop Pests*（Lewis, T. ed.）. CAB International, Wallingford, UK. pp.259-354.

Van Lenteren, J.C.（2000）Success in Biological Control of Arthropods by Augmentation of Natural Enemies. In *Biological Control:Measures of Success*（Gurr, G. and S. Wratten eds.）. Kluwer Academic Publishers, Dordrecht, The Netherlands. pp. 77-103.

Van Lenteren, J.C.（ed.）(2003) *Quality Control and Production of Biological Control Agents. Theory and Testing Procedures*. CABI Publishing, Wallingford, UK. 327pp.

Wajnberg, E. and S.A. Hassan（eds.）(1994) *Biological Control with Egg Parasitoids*. CAB International, Wallingford, UK. 286 pp.

矢野栄二（2003）天敵—生態と利用技術—．養賢堂，東京．296pp．
矢野栄二（2004）天敵のギルド内捕食と施設園芸における生物的防除．農業技術 59：445-448．

2.3 土着天敵保護による生物的防除

　土着天敵保護による生物的防除（conservation biological control）とは，圃場内や周辺に生息する土着天敵の維持を目的に，天敵の働きを妨げる要因を取り除くための保護（conservation）と，天敵にとって好ましい環境や条件を整えて天敵の働きを高める強化（enhancement）の二つの取り組みに大きく分けられる．他の生物的防除と異なる点は，露地の野菜畑や果樹園あるいはその周辺に生息している土着天敵を利用することである．天敵の保護や強化に要する手間や費用が小さければ，この生物的防除は農家にとり魅力的な技術となるばかりか，地域に生息する土着天敵を利用するという点で生態系に対するリスクも小さく，持続型農業の重要な技術の一つとなりうる．本章では，地域に生息する土着天敵の利用に限定して説明するが，天敵の保護ならびに強化のための取り組みは伝統的生物的防除や放飼増強法にも適用できる技術である．一般的に，伝統的生物的防除や放飼増強法と土着天敵の保護を合わせて生物的防除の三つの柱といわれている（1.2節参照）．しかし，土着天敵の利用で考えられている天敵を保護する方法や天敵の働きを強化する方法は，伝統的生物的防

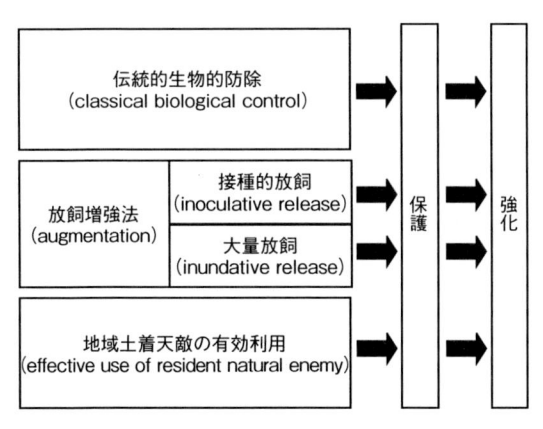

図2.9　生物的防除戦略における天敵の保護強化の位置付け

除や放飼増強法で放飼された天敵（この場合は海外からの導入種や商業的に大量増殖された天敵であるが）にも不可欠な取り組みである．このような関係を表す用語として，Gurr et al.（2007）は integrated biological control（総合的生物的防除；IBC）を提唱している（2.3.2参照）．また，後述するように，高知県や宮崎県では地域に生息する土着天敵を集めて，放飼増強法のように施設内に放飼する取り組みも始まっている．このような，実際の農業現場での利用方法や今後の展開を含めて模式化すると，生物的防除のなかで土着天敵の保護強化は図2.9のように位置付けることができる．

2.3.1　天敵保護

　天敵を保護するための最善の方策は農薬を散布しないことであるが，圃場で問題となるすべての害虫の種類に対して天敵が有効に働くわけではないので，その被害を抑えるためにはどうしても農薬の散布が必要になる．野菜栽培を例にとると，アブラムシ類やアザミウマ類，ハモグリバエ類，コナジラミ類，ハダニ類，さらに果実を直接加害する鱗翅目ヨトウ類などの発生を抑えるため，農家は頻繁に農薬を散布しなければならない．土着天敵を保護したIPM体系でも，ヨトウ類の幼虫は果実を直接加害し，天敵による密度抑制が期待できないため，農薬散布が必要になる．

　化学合成農薬中心の農業では，天敵昆虫が働く余地はまったくなかったといってよい．その一番大きな理由は，生産現場で使用される農薬の特性にある．生産現場で普通に使用されている農薬は，さまざまな害虫種に殺虫活性を有し，殺虫効果が長期間持続する残効の長い非選択的農薬（broad-spectrum chemicals）である．作物を栽培し，害虫防除を経験した人なら痛感することであるが，使用する側から考えると一つの薬剤を1回散布するだけで，いろいろな害虫を防除できる方が便利である．しかし，いろいろな害虫の種類に殺虫活性があり，殺虫スペクトラムが広い農薬すなわち非選択的農薬は天敵の生存や繁殖に悪影響を及ぼし，処理後1カ月でも天敵が死亡するくらい残効が長いものもある．

　天敵保護は圃場で使用される農薬の見直しから始まる．農薬を圃場で使用する際には，各薬剤の天敵に対する影響の程度や影響の持続期間（persistence）を参考に，どの農薬を使うかを決めなければならない．農業指導普及員や農協

の営農指導員，あるいは害虫防除のアドバイザーとして，農薬に関する助言を農家に求められた場合には，農家が慣行的な IPM をしているのか，天敵保護を中心とした IPM をしているかによって，農家に紹介する農薬の種類や使い方も変わってくる．殺菌剤も含め，各種農薬の天敵への影響に関する情報はインターネットなどで検索できる（例えば，http://www.biocontrol.jp/sub2.html または http://www.agrofrontier.com/product/ ag_inf.html 参照）．国際生物的防除機構（IOBC）は天敵を含む有用生物への農薬の影響を，天敵に全く影響ない（harmless）から天敵への影響が大きい（harmful）まで4段階で評価し，さらに天敵への影響がどれくらいの期間持続するかを公表している．

a. 選択的農薬の利用

天敵保護の第一歩は農家圃場で使われている農薬を見直し，天敵に殺虫活性がない農薬すなわち選択的農薬（selective chemicals）に切り替えることである．選択的農薬とは，特定の害虫種にのみ殺虫活性を有し，殺虫スペクトラムが狭い農薬（narrow-spectrum chemicals）である．しかし，選択的農薬の種類は限られており，すべての害虫種に対して選択的農薬が利用可能な状況にはない．昆虫の成長を制御するホルモンやそれと類似の働きをする化合物で，昆虫の脱皮や変態を阻害する IGR 剤（insect growth regulator，昆虫成長制御物質）には選択的農薬が多い．また，食品添加物やデンプンを利用した気門封鎖型農薬，微生物農薬あるいは自然物由来の農薬の多くは天敵に影響が少ない（2.4 節参照）．一般的に病害の防除に使用される殺菌剤は天敵への影響は少ないが，亜致死的影響（sublethal effect）を及ぼすものもある．例えば，ベノミルやチオファネートメチルは天敵に対する直接的な死亡率でみると影響は小さいが，捕食性カブリダニ類の寿命の短縮や産卵数の低下が報告されている．なお，除草剤は捕食性カブリダニ類に対して忌避効果を示すものがあり，一般的には天敵に影響を及ぼすと考えた方がよい．

農家圃場での選択的農薬の使用には大きく二つの場合が想定される．一つは，保護の対象となっている天敵の働きが弱い場合に，害虫個体群の密度を下げるための補完的な使用である．この場合，害虫密度を抑制できるだけのレベルまで天敵の個体数が増えれば，その後の農薬散布は不要になる．一方，保護の対象となっている天敵が対象害虫を抑えているときにも，選択的農薬の散布が必要になる．例えば，ヒメハナカメムシ類や捕食性カブリダニ類がミナミキ

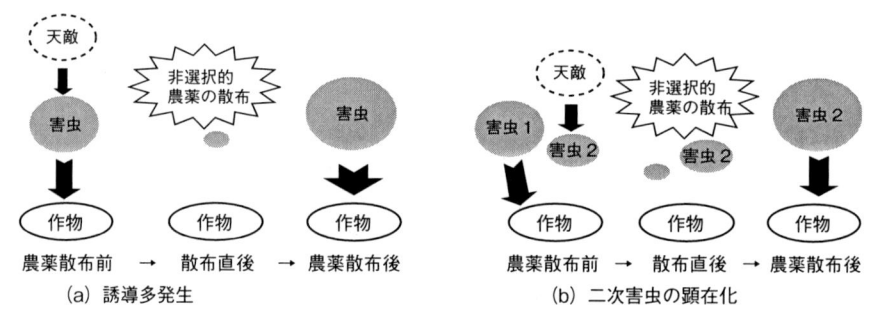

図 2.10 誘導多発生 (a) と二次害虫の顕在化 (b) のしくみ

イロアザミウマの密度を抑えている野菜畑で，ヨトウ類などが増えたときにはBT剤（4.1節参照）などの選択的農薬で防除しなければならない．この場合，選択的農薬の散布でヨトウ類の密度は低下するが，ヒメハナカメムシ類やカブリダニ類などの天敵には影響がないので，アザミウマ類の発生密度には大きな変化は生じない．ここで有機リン系や合成ピレスロイド系の非選択的農薬を散布しても，ヨトウ類を防除することはできる．しかし，その場合には，非選択的農薬の散布によりヒメハナカメムシ類やカブリダニ類などが死亡するため，天敵に抑えられていたアザミウマ類の密度が急激に上昇することになる．この現象は広い意味での誘導多発生（リサージェンス）といえるが，正確には防除対象とした害虫以外の害虫が天敵群集の破壊のために農薬散布後に増えるので，二次害虫の顕在化という現象である（図 2.10）．非選択的農薬を頻繁に使用している果樹や野菜圃場では，農薬散布が害虫の発生を促進している場合も少なくない．もし，利用できる選択的農薬がなければ，次に述べるように非選択的農薬の使い方を工夫する必要がある．

b．生態的選択性付加

選択的農薬の種類は非選択的農薬に比べると少ない．また，選択的農薬は特定の害虫種にのみ殺虫活性があり，殺虫スペクトラムが狭いうえに，農薬の残効も短い．したがって，作物に発生するすべての害虫の種類を選択的農薬だけで防除することはできない．しかし，一部の害虫に非選択的農薬を散布すれば，上述したように天敵に影響が及ぶことになる．こうした問題点を解決するため，非選択的農薬の使い方を工夫し，天敵への影響を軽減する方法が生態的

選択性（ecological selectivity）の付加である．

　具体的には，野菜を定植する際に粒剤を植穴処理する方法や果樹などの株元や樹幹に薬剤をかん注する方法がある．農薬を散布した場合には，天敵に直接薬剤がかかったり，植物体上に残った農薬に天敵が直接触れたりすることで，天敵は悪影響を受ける．しかし，土壌中あるいは植物組織への薬剤処理であれば，植物上の天敵に直接農薬がかかる機会は少なくなる．ただし，粒剤処理で使用される農薬は浸透移行性が高く，植物体中を移動して農薬の有効成分が葉や花などの地上部に移行する．このため，植物体から水分などを摂取するヒメハナカメムシ類のような捕食性天敵は，1カ月近く粒剤処理の影響を受ける場合もある．このような影響を軽減するためには，粒剤の処理時期を早めて，育苗期の鉢上げ時に粒剤を処理するなどの工夫が必要となる．

　粒剤処理などの方法が使えず，非選択的農薬をどうしても散布しなければならないときには，天敵の発生時期を避けて散布する方法，圃場全体に散布せずに一定の期間を設けて畝に交互散布する方法，害虫が発生している場所やその周辺，あるいは発生している部位のみに散布するスポット処理がある．また，散布の際の水圧が天敵に影響する場合もあるので，散布圧を低くして軽く散布したり，散布量を減らしたりするような工夫も必要である．例えば，ハダニ類あるいはアザミウマ類の捕食性天敵であるカブリダニ類が定着している圃場では，葉裏に十分量の農薬を散布する通常の方法ではなく，作物体の上から軽く散布することで天敵への影響を軽減できる．

c．栽培管理

　収穫，耕起などさまざまな慣行作業が圃場での天敵の定着や活動を妨げる．このような農作業が繰り返される野菜や畑作物，水稲では攪乱の程度は大きいと予想される．一方，永年性作物の果樹は比較的安定した環境であるが，それでも農薬散布や下草刈り，せん定などの農作業は天敵に影響を及ぼす．

　本来，作付け前の耕起は雑草や病害虫を排除するという意味での耕種的防除となっている．しかし，耕起は徘徊性の捕食性天敵，甲虫類やクモ類の密度を低下させることが知られている．わが国では，水田の代掻きをせずに田植えをする不耕起栽培が注目されており，代掻きの手間を省くという省力化のみならず，代掻きをすることにより前年に増えたコモリグモなどの天敵相の破壊を避けることにより害虫密度の増加を防ぐことができる．

病害虫防除の指導書には必ずと言ってよいほど，栽培終了後に圃場から作物残さを持ち出し，圃場の衛生管理に配慮するように書いてある．この作業が病害虫防除に効果的である場合も報告されているが，その一方で単に慣習的に行われており，病害虫防除という点で意味をもたない作業となっている場合も考えられる．作物残さを圃場に残すべきか，圃場から除去すべきかについて，対象とする作物や天敵ごとに考える必要がある．アメリカ合衆国では，ソルガムの残さを片付けることで，捕食性カブリダニの越冬場所がなくなり，次の作で天敵の発生が影響を受けることが報告されている．また，インドではサトウキビ残さを焼却するとサトウキビの害虫であるヨコバイの天敵相（卵寄生蜂）が死滅するが，残さを圃場に残した場合には天敵が生残し，ヨコバイの発生が抑えられることが報告されている．このように，作物残さを片付けて圃場を常にきれいに保つことが，総合的な作物管理の上で最良の方法とは限らないようである．天敵を圃場に残すために，収穫方法の工夫例も報告されている．小麦や飼料作物では全体を刈り取らず，一部を帯状に残す条刈りによって，捕食性カメムシ類，クサカゲロウ類，テントウムシ類などの土着天敵が保護される．

野菜栽培で日常的に行われる収穫時のせん定や枝の切り戻し，脇芽摘みで植物体の一部が圃場外に捨てられる．圃場の衛生環境を保ち，病気の発生源となる古い植物やせん定された枝は，圃場外に捨てるというのが圃場管理の常識となっている．しかし，保護の対象となる天敵の種類によってはこのような作業が天敵だけを圃場から排除することもある．例えば，せん定される枝の葉にヒメハナカメムシ類が産卵している場合や葉のハモグリバエの潜孔（マイン）で寄生蜂幼虫が育っている場合には，毎日の作業で葉や枝を持ち出すことは天敵の方に悪影響を及ぼす可能性が高い．

○○ 2.3.2　天敵強化 ○○

天敵の強化とは，天敵の生存率を高めたり，寿命を長くしたり，産卵数，移動能力などを向上させ，対象害虫に対する天敵の効果を高めるための一連の取り組みである．その根底には，現在のモノカルチャー的な農地が天敵の生息場所として好適な環境ではないという考えがある．一般に農家圃場では，1種類の作物が栽培され，除草剤などの散布や除草作業により圃場内やその周辺は単純な植生となっている．多様な植生に富む農業生態系では，単純な農業生態系

に比べて，特定の害虫が大発生する例は少ないことが研究的に明らかとなっている．しかし，近代農業では圃場に1種類の植物つまり作物が植えられ，単純な植生が維持されている．

以下では，圃場内や圃場周辺の植生を利用したり，新たに植物を植えたりする取り組みを中心に，土着天敵を強化する例について紹介する．作物栽培を熟知している農家にとって，植物を介した天敵強化は天敵そのものを扱うよりも取り組みやすい技術のように思われ，わが国でも試行錯誤的な農家の取り組みが始まっている．しかし，論文として発表された研究成果や情報が農家圃場での天敵利用技術の確立につながるためには，天敵の行動や生態，植物と天敵，害虫の相互作用に関する圃場での詳細な裏付けも必要と思われる．なお，外来の植物を導入する場合には，その植物が害草として問題となる例や土着の植物種との競合，あるいは植物をめぐる訪花昆虫を含めた生物多様性に影響を及ぼす例が知られており，こうした問題にも十分配慮しながら，取り組みを進める必要がある．

a. 植生管理

圃場内あるいはその周辺に作物以外の植物を植えて，天敵の働きを強化する取り組みが生息地管理として提案されている．なお，施設での放飼増強法に利用されるバンカープラント（banker plant）については2.2節を参照．バンカープラント法とは，天敵の餌あるいは寄主となる昆虫（害虫ではない）を代替餌または代替寄主として植物上で増やし，餌が増えた時点で天敵を放して，植物上で天敵を維持する方法である．施設栽培を中心にその利用方法が検討されている．本節で以下に述べる各種植物の利用も，植物で天敵が増えることを期待する点では同じであるが，バンカープラントと以下で述べる植物との大きな違いは，後者では餌や天敵を植物上に放すような人為的な操作をしないことである．

1) コンパニオンプラント（companion plant）　天敵のなかには寄主から必要な栄養を得るものもいるが，寄主以外の餌を必要とするものもいる．花の蜜を利用する例は多くの寄生蜂の成虫で報告されており，そのことで寄生率の上昇が可能となっている．花外蜜腺はソラマメやワタなどをはじめとするさまざまな植物で生産され，寄生蜂成虫にとっても重要な餌源である．花粉は直接消費されるかもしれないし，蜜のなかに混ざっているかもしれない．甘露を生

産する昆虫の存在は，ある種の寄生蜂には望ましいものとしてこれまでも指摘されてきた．

　圃場内に配置して天敵の餌となる花粉や花蜜を供給する植物をコンパニオンプラントという．さまざまな蜜源が天敵の生存や産卵数に及ぼす影響に関する定量的評価に基づき，どの植物種が農業生態系に導入されるべきか，とどめられるべきかという重要な情報が得られている．これまでの研究で蜜源としてさまざまな野生の花が調べられており，また花の構造により天敵がそれを利用できるか否かが明らかになっている．コロラドハムシの寄生蜂2種では，花の構造が蜜源植物の選択に重要であることがわかっている．*E. puttleri* は突出した蜜腺を，*P. foveolatus* は部分的に隠れた蜜腺を使うことが明らかになった．蜜源の提供は天敵同様に植食性昆虫にも大きな利益を与えるかもしれないが，植物を注意深く選ぶことで，その可能性を小さくできる．アブラムシ類の捕食者であるヒラタアブでは，実際に効果が示されている．北米原産の1年生植物であるハゼリソウ（現在，分類的にはムラサキソウ科）は大量の花粉と蜜を生産する．キャベツ畑のハゼリソウ群落との境界ではヒラタアブが増加し，アブラムシ個体群は減少した．また，ディル（セリ科），コリアンダーの花が *Colemegilla maculata*（テントウムシの一種）や *Chrysopela carnea*（ヤマトクサカゲロウの一種）の頭部の形態に適合することが知られており，コリアンダーを配置したナスでは，捕食者数の増加やコロラドハムシの卵への捕食の増加や幼虫生存率の低下が認められている．

　このように，餌源として天敵の寿命や繁殖能力を高める植物が検討されているが，花の存在が天敵以上に害虫の繁殖を促進する場合も報告されている．したがって，コンパニオンプラントを選ぶ際には，対象となる天敵に合わせてその役割を十分に評価する必要がある．また，天敵の種類によって餌供給源として有効な植物の種類も異なることから，土着天敵群集全体への効果を考えるうえでは複数種の植物を組み合わせて配置する取り組みが必要である．ニュージーランドではブドウ園でハゼリソウの一種 *Phacelia tanacetifolia* やソバを果樹園の通路一面に栽植することで寄生蜂の働きを高め，ハマキガの一種の生物的防除に成功している．各種ハーブを検討した研究では，寄生蜂に対する誘引性と花蜜の有用性からセリ科のエコポディウム，オレガノ（*Origanum vulgare*）が推奨されている．

作物自体が花粉や花蜜供給において重要となりうる場合もある．小麦畑に隣接したセイヨウアブラナ（flowering canola；*Brassicae napus* L.）圃場近辺でヒラタアブを採集したところ，アブラナ圃場内および小麦畑内で採集したヒラタアブの腸内から，アブラナの花粉が見つかった．これらの花粉は，ヒラタアブの餌として重要な役割を担っていると考えられる．

2） グランドカバープラント（ground cover plants） クローバーやイネ科などの被覆植物は，土壌流失の防止や雑草防除を目的とした耕種的防除として利用される．単植栽培にポリカルチャー的な要素を付加することで，天敵などの発生場所や餌源となる場合がある．また，特定の被覆植物を播種するのではなく，雑草自体を維持することで天敵などの保護強化をねらう方法もある．北欧などでは，ブドウ園の下草雑草を交互に刈り，果樹園内には雑草の花が常にある状態を維持している．その結果，害虫種自体は果樹園内に存在するが，非常に低い密度で推移し，ハナアブ類やクサカゲロウ類，ヒメハナカメムシ類の増加が報告されている．また，チョウ目害虫ではタマゴヤドリコバチによる卵寄生率は87％と高く，その理由として被覆植物上に発生する他のチョウ目昆虫が代替寄主として重要な役割を担っていることが指摘されている．カブリダニの一種 *Amblyseius victoriensis* の場合は，柑橘園の被覆植物のローズグラスの開花期に活動が盛んになる．風に運ばれたローズグラスの花粉はサプリメント的な餌源となるので，農家はカンキツ樹間のローズグラスを交互に刈るように指導されている．

3） リフュージ（refuge） 天敵の隠れ家としての生息場所の提供を目的とした取り組みである．リフュージとなる植物には，天敵にとって好適な微気象空間や餌資源を供給する役割が期待される．果樹園などでは，園の周囲の樹木がカブリダニ類の餌となる花粉供給源として注目されている．イタリアのブドウ園では，ニワトコやクマシデ属（ミズキの一種）の花粉量がカブリダニの発生に大きく影響しているとの報告があり，花粉を実験的に散布した植物で，カブリダニの産卵数や発生量が増加することが確認されている．ヨーロッパの穀物畑では，イネ科雑草を播いた盛り土を畑中央に配置し，ゴミムシ類やオサムシ類などの地上徘徊性の捕食性天敵に越冬場所を提供するビートルバンク（beetle bank）が普及している．圃場に沿って約2mの幅で高さ40~50cmの畝を設け，そこにイネ科牧草のペレニアルグラスなどの茂みを作る．牧草が枯

れたあとオサムシなどの越冬場所になり，翌春ビートルバンクから天敵が作物へ移動することで天敵の早い分散と立ち上がりが期待できる．

4) 雑草利用　対象作物以外の植物すなわち雑草は圃場内あるいはその周辺ではすべて有害なものとみなされ排除の対象となってきた．しかし，クローバーでは花に生息するアザミウマ類を餌として春先からヒメハナカメムシ類が増殖し，成虫が野菜畑へ移動すると考えられている．また，ヨモギ，オウシュウヨモギ，イラクサなどの雑草で多様な捕食者群集が形成されるとの報告がある．マルバツユクサは果樹園の下草のなかで，除草剤耐性を発達させた防除の難しい雑草である．高知県では，マルバツユクサでクロヒョウタカスミカメムシやテントウムシ類，ヒメハナカメムシ類が繁殖しており，マルバツユクサから天敵を採集して施設へ導入する試みが始まっている（図2.11）．この場合のマルバツユクサは天敵が温存されるリフュージであり，農耕地およびその周辺の植生に天敵のリザーバー（reservoir）が存在していることになる．

このような地域の土着天敵を採集して，野菜栽培施設で利用する方法は，天敵の保護と放飼増強法を組み合わせた総合的生物的防除（integrated biological control）といえる．寄生蜂についても，このような取り組みが可能である．宮崎県では，晩秋から春にかけて栽培されるエンドウからナモグリバエに加害された被害葉を採集し野菜栽培施設に設置する方法が農家に普及している（図

図2.11　天敵温存植物マルバツユクサでの天敵採集風景
　　　　（岡林俊宏氏提供）

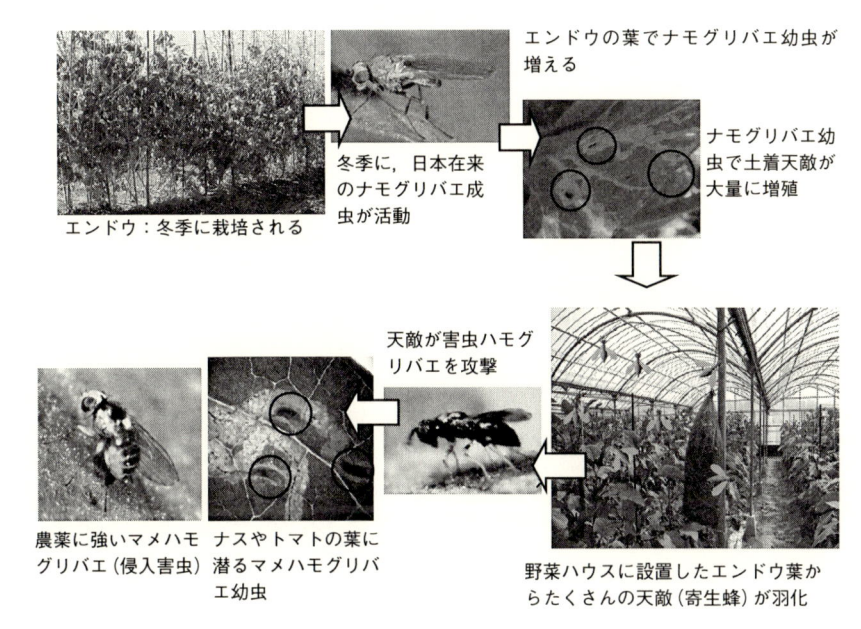

図2.12 天敵温存植物エンドウを利用したハモグリバエ類の生物的防除

2.12). エンドウの生育時期は低温期であるが,土着のナモグリバエ成虫は活動し,産卵している.3月末から暖かくなると,ナモグリバエ幼虫に寄生する寄生蜂群集の活動が始まる.二十数種類近い寄生蜂がエンドウの被害葉から羽化するが,そのほとんどはマメハモグリバエやトマトハモグリバエに寄生できる.この2種のハモグリバエは1990年代にわが国に相次いで侵入し,高度の抵抗性を発達させているため,有効な殺虫剤が少ない害虫である.野菜類や花き類などの多様な種類の葉を幼虫は食害する.エンドウの比較的古い葉を採集し,乾燥を避けて直射日光が当たらないよう,被害葉を設置する場所に注意をはらう必要がある.被害葉500枚程度を採集すると,平均的な施設サイズである30 a(ナスで3000株)に十分量の天敵を放飼できる(図2.13).

2.3.3　天敵の保護強化を組み入れたIPM

2005年に農林水産省でまとめられたIPMマニュアルが環境負荷低減のための病害虫総合管理技術として提案されている(梅川ら,2005)土着天敵を活用

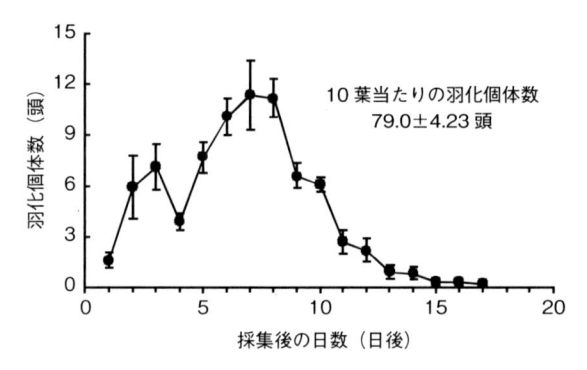

図 2.13 エンドウのナモグリバエ被害葉からの寄生蜂羽化消長
(2005 年 4 月 20 日採集)(大野ら,未発表)

した例も野菜や果樹栽培で紹介されている.いずれも公的試験研究機関の詳細な研究に基づいたものである.このような形で提案された IPM 体系技術が農家に普及する段階では,さまざまな修正や農家への啓蒙が必要になる.

a. 野菜栽培

露地野菜で土着天敵を活用した IPM 体系の有効性が農家の畑で実証されている例として,夏秋ナスの露地栽培を紹介する.露地栽培ナスで各種害虫の防除に選択性農薬を用い,アザミウマ類の有力な捕食性天敵であるヒメハナカメムシ類を保護する技術は岡山県農業試験場の永井(1993)によって提案された.各種害虫の防除目的に散布されていた非選択的農薬が天敵の定着や繁殖を妨げていたことが,その研究のなかで見事に実証されている.この例から,慣行防除体系が天敵などの自然の制御力を排除したものであったことがうかがえる.IPM の重要な考え方とは相反し,ほとんどの農家圃場では化学合成農薬は補完的というより,むしろ唯一の基幹的防除技術として使われている.

表 2.5 は永井の提案した IPM 体系を農家圃場で実証した福岡県農業総合試験場の大野(現在,宮崎大学)および嶽本の結果をまとめたものである(Takemoto and Ohno, 1996).上述の永井の実証試験同様に,ヒメハナカメムシ類を中心とする天敵保護を目的とした IPM 体系では,慣行防除体系に比べ大幅に農薬が低減された.この露地栽培ナスでの実証試験から,施設栽培での天敵利用にも重要な示唆が得られる.定植後から発生するアブラムシ類やカスミカメムシ類,ニジュウヤホシテントウなどの防除を目的として散布される

表2.5 露地ナス天敵保護圃場および慣行防除圃場での防除実態
(Takemoto and Ohno (1996) を改変)

調査年	調査圃場	面積 (m^2)	被害果率	アザミウマ対象の農薬散布回数
天敵保護圃場				
1993	A	700	約 40 %	1
1994	B	800	約 60 %	10
	C	1000	10 % 以下	0
	D	250	10 % 以下	0
1995	E	800	約 15 %	1
	F	1200	10 % 以下	1
	G	700	約 15 %	5
	H	800	10 % 以下	0
	I	1000	10 % 以下	0
	J	300	10 % 以下	0
慣行防除圃場				
1993	K	800	約 80 %	20
1994	L	1000	約 60 %	20

非選択的農薬はアザミウマ類の有力天敵であるヒメハナカメムシ類の生存や繁殖に直接的に影響を及ぼすだけでなく，害虫でも天敵でもない「ただの虫」であるアザミウマ類のナス葉への定着を阻害していたのである．ヒメハナカメムシ類の餌である非害虫アザミウマ類の密度を低下させ，間接的に天敵の定着や繁殖を抑制したと考えられる．

露地ナスでは 3 種のヒメハナカメムシが認められたが，ナミヒメハナカメムシ *Orius sauteri* が最優占種であった．露地ナス圃場に飛来するヒメハナカメムシの生息場所を明らかにするため，露地ナスの周辺植生を調べたところ，クローバーではナミヒメハナカメムシが，水稲ではツヤヒメハナカメムシ *Orius nagaii* が優占種であった (Ohno and Takemoto, 1997)．また，2番目に優占種となっているコヒメハナカメムシ *Orius minutus* は雑木林などの樹木に多いことが報告された．このことから，天敵は農業生態系全体の中で生息場所間を移動している可能性が考えられる．天敵の移動能力や生息場所の環境にもよるが，対象となる作物の畑以外の環境での天敵の保護も重要と思われる．

b．果樹栽培

天敵の保護強化の実証例に関する報告はないが，落葉果樹では主要害虫であるチョウ目害虫に対して，性フェロモンを利用した交信攪乱法が一部の産地で普及している．交信攪乱法が確立した産地では，主要害虫であるチョウ目害虫

に対する殺虫剤散布回数の減少に加え，ナミハダニに対する殺ダニ剤の散布も削減傾向にある．最近，減農薬栽培農家のなかには土壌流失対策や雑草管理をかねてヘアリーベッチなどの被覆植物を利用する人も増えている．下草の植生の変化はカブリダニ類を含めた土着天敵の保護につながる可能性もある．減農薬あるいは有機栽培果樹園では，果樹園内の下草や防風樹が土着のカブリダニ類のリフュージとして期待されている．

c．水稲栽培

水稲害虫の土着天敵について多くの研究がなされている．例えば，選択的殺虫剤の使用によりクモ類がツマグロヨコバイを抑制できる例，不耕起栽培技術としてレンゲ草生マルチがクモの初期密度を高める例などが報告されている．また，長距離移動性のウンカとともにわが国に飛来するカタグロカスミカメムシなどもウンカ類の密度を抑える捕食性天敵として期待されているが，農家の水田で有効な利用技術とするためには，解決すべき問題が多い．近年，水稲栽培では農薬の散布回数は昔に比べ大幅に低減されており，選択的農薬などによる土着天敵の保護利用は可能と思われる．しかし，水稲では周辺環境を含めた植生での天敵の保護強化に関する研究はあまり進んでいない．また，各地で深刻な被害をもたらしている斑点米カメムシ類に対しては非選択的農薬が散布される場合が多く，土着天敵や選択的農薬を組み合わせた技術の検討も今後の課題である． 〔大野和朗〕

■参考文献

Barbosa, P.（1998）*Conservation Biological Control*. Academic Press.

Gurr, G.M., Price, P.W., Urutia, M., Wade, M., Wratten, S.D. and A.T. Simmons（2007）Ecology of predator-prey and parasitoid-host systems in its role in Integrated Pest Management. In *Ecologically Based Integrated Pest Management*.（Koul, O. and Cuperus, G.W. eds.）CABI. 462pp.

Landis, D.A., S.D. Wratten and G.M. Gurr（2000）Habitat management to conserve natural enemies of arthropod pests in agriculture. *Annual. Review of Entomology*. **45**：175-201.

永井一哉（1993）ミナミキイロアザミウマ個体群の総合的管理に関する研究．岡山農試臨時報告 **82**：52pp.

根本　久（1995）天敵利用と害虫管理．農山漁村文化協会，東京．181pp.

Ohno, K. and H. Takemoto（1997）Species composition and seasonal occurrence of *Orius* spp.（Heteroptera：Anthocoridae），predacious natural enemies of *Thrips palmi*（Thysanop-

tera: Thripidae), in eggplant fileds and surrounding habitats. *Appl. Entomol. Zool.* 32: 27-35.
大野和朗 (2003) 露地野菜害虫に対する天敵の利用と今後の課題. 植物防疫 57: 510-514.
岡林俊宏 (2003) 農業現場における天敵利用技術の開発と普及の課題. 植物防疫 57: 530-534.
Pickett, C.H. and R. L. Bugg (1998) *Enhancing Biological Control*. University of Carifornia Press.
Takemoto, H. and K. Ohno (1996) Integrated pest management of *Thrips palmi* in eggplant fields, with conservation of natural enemies: Effects of the surrounding and thrips community on the colonization of *Orius* spp. In *Proc. Int. Workshop on the Pest Management Strategies in Asian Monsoon Agroecosystem* (Hokyo, N. and G. Norton eds.), Kyushu National Agricultural Experiment Station, Kumamoto, Japan, pp. 235-244.
田中孝一 (2003) 天敵の保護・増強による水稲害虫管理の可能性. 植物防疫 57: 520-523.
豊島真吾 (2003) 果樹ハダニ類防除における天敵利用. 植物防疫 57: 515-519.
梅川　学・宮井俊一・矢野栄二・高橋賢司 (2005)　IPMマニュアル－環境負荷低減のための病害虫総合管理技術－. 総合農業研究叢書. 55号.

2.4　天敵微生物による生物的防除

　昆虫病原微生物（天敵微生物）とは昆虫に病気を起こす微生物である．細菌，糸状菌（カビ），ウイルス，原生動物が含まれる．昆虫病原線虫は，捕食寄生者とする場合もあるが，ここでは天敵微生物として取り扱う．このような昆虫の天敵微生物を使った生物的防除を微生物防除（microbial control）という．また，天敵微生物を主成分とする害虫防除資材を微生物資材（microbial agent），あるいは微生物農薬（microbial pesticide）と呼ぶ．微生物防除においても天敵昆虫の利用と同様に，伝統的生物的防除，放飼増強法などのタイプがある．

2.4.1　伝統的生物的防除

　天敵微生物においても捕食寄生者や捕食者と同様に，伝統的生物的防除（classical biological control）の成功例が報告されている．微生物資材を用いた伝統的生物的防除は，多年生の栽培体系や森林などに成功例が多い．

a．ヨーロッパハバチにおけるウイルス病の大発生

　1940年代にカナダの針葉樹林に被害をもたらすハバチの一種（European

sawfly, *Gilpinia hercyniae*) が大発生した．これは，ハチ目の害虫で幼虫期に樹葉を食害する．ヨーロッパから北米に侵入したと考えられている．この害虫の防除に北欧よりヨーロッパハバチの天敵である寄生蜂が導入された．しかしヨーロッパハバチの個体群は，放飼した寄生蜂の寄生による効果ではなく，昆虫病原ウイルスの感染により壊滅した．

　このウイルスは，核多角体病ウイルスで，おそらく北欧から導入した寄生蜂に付着するなどして伝播したと考えられている．寄生蜂自体は，このウイルスで感染致死することはない．この偶然導入されたウイルスは，約12,000平方マイルにも及ぶ地域に広がり，ウイルス病発生後は急速にハバチの個体群が終息し再度回復することはなかった．

b. タイワンカブトムシのウイルスによる防除

　1970年代からタイワンカブトムシ *Oryctes rhinoceros*（図2.14）に対してOryctes virus を用いた防除が試みられた．タイワンカブトムシウイルス *Oryctes rhinoceros* virus（OrV）は，タイワンカブトムシに感染する非包埋型のDNAウイルスで，以前はバキュロウイルスとして取り扱われていたが，現在の分類は，保留にされている（unassigned viruses）．最近，OrVゲノムの全塩基配列が解明され，バキュロウイルスのホモログを多くコードしていることなどから Nudivirus という新たな属を設定しそこに OrV を位置づけること

図2.14　A：タイワンカブトムシに食害されたココヤシの木（新鞘が食害されるため葉が展開した後特徴的な形になる）B：タイワンカブトムシ成虫

が提案されている（4.2節参照）．このウイルスもバキュロウイルスと同様に経口感染するが，主な感染組織は中腸である．感染した成虫はすぐに致死することはなく飛翔能力もあるため，ウイルスが広範囲に分散されることになる．タイワンカブトムシは，腐った倒木などに産卵するが，これらの繁殖場所（breeding site）に成虫が集まってくる．このような場所で，感染虫の糞を健全虫が経口的に取り込むことでウイルスが伝播し感染が拡大する．一方，タイワンカブトムシ幼虫は成虫に比べて感受性が高く，感染すると致死する．1970年代にFAO（国際連合食糧農業機構）などのプロジェクトで南太平洋州や東南アジア，南アジアで行われた防除では，OrVを幼虫で大量増殖し，そのウイルスを成虫に接種して放飼したり，繁殖場所をウイルスで汚染しておいたり，さらにはこのような繁殖場所を人工的に作るなどしてOrVを放飼した．また，一方で，倒木などを放置せずに処分することで自然の繁殖場所自体を減らすことも併用した．このようにして，最終的にはこれらの地域で問題になっていたタイワンカブトムシの被害を激減させることに成功した．

c. マイマイガ疫病菌

マイマイガ *Lymantria dispar* は，1886年にアメリカ大陸に人為的に持ち込まれ，急速に北米大陸を中心に広がり森林に深刻な被害をもたらした．この害

図2.15　A：疫病菌に感染したマイマイガ幼虫（右）と健全虫（左），B：日本で大発生したマイマイガ幼虫が自然に発生した疫病菌により死滅しているところ（島津光明氏提供）．

虫の防除に，外国からの天敵の導入が試みられた．1910〜1911年に日本から輸入した疫病菌 Entomophaga maimaiga（図2.15）が導入された．当時は，菌の培養方法も確立していなかったため直接，虫に感染させて増殖しその感染虫を大発生している地域に放飼していた．しかし，菌の増殖がうまくいかずこの計画は放棄された．その後，1985年にも日本から E. maimaiga が導入されたが疫病菌の流行は起こらなかった．しかし，1989年にアメリカ合衆国北東部の森林や住宅街においてマイマイガの疫病菌の流行が確認された．この流行している菌の系統を RFLP（制限酵素断片長多型）やアイソザイム分析により調査した結果，この菌は，1910年に日本から導入された E. maimaiga 菌に由来する可能性が高いことがわかった．導入されて80年後に E. maimaiga の流行がみられた理由については不明であるが，Hajek らはいくつかの仮説を述べている．多発生が起きた場所が1910年に導入した場所と近いなどの理由から導入した菌は定着して生存しており，何らかの変異により病原力の強い菌の系統が発達したのではないかというものである．このような例から，本菌は一度導入されると定着し，マイマイガ個体群を制御する潜在能力をもつという見方もある．しかしながら，自然状態では，マイマイガが分布を拡大する速さに菌の流行がついていけないので，本菌による流行病が起こっていない地域に E. maimaiga を人為的に導入する方法が試みられた．その結果，休眠胞子を含む土壌を移入しそれを保湿した場合にマイマイガ個体群に対して高い感染率が得られた．休眠胞子が発芽して感染するにはある程度の湿度が必要とするためである．このように E. maimaiga は，定着することができる環境が与えられればマイマイガの密度抑制因子となって働くと期待される．疫病菌は培養がむずかしいため，後述する放飼増強法のように大量に培養して放飼する方法には向かない．そのため伝統的生物的防除に使用が限られている（島津，2000）．

2.4.2 放飼増強法

天敵昆虫と同様に天敵微生物でも実際に害虫防除によく使用されている方法は放飼増強法（augmentation）である．大量放飼（inundative release）と接種的放飼（inoculative release）があることはすでに述べた（2.2節参照）．

大量放飼法において，天敵微生物を用いる場合の代表例として，殺虫活性をもつ結晶性毒素を生産する細菌 Bacillus thuringiensis をもとに作られた製剤

2.4 天敵微生物による生物的防除

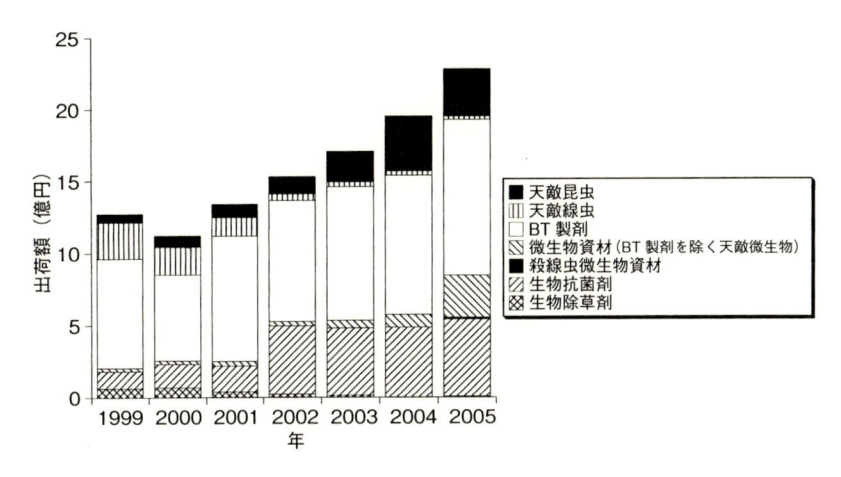

図2.16 日本における生物農薬出荷額(『農薬要覧』より)

(BT製剤)が挙げられる.図2.16に日本における近年の生物的防除資材の出荷額を示すが,BT製剤は生物農薬全体の出荷額の約50％を占めている.ほとんどの天敵微生物が昆虫を殺すしくみは,感染虫の体内での病原微生物の増殖に起因する.そのため,それらの病原微生物は殺虫スピードが遅い傾向がある.一方,BT製剤は殺虫活性のある毒素が標的昆虫の中腸細胞に作用して孔を開けるため,標的昆虫が結晶性毒素を食物などとともに口から摂取後(経口感染),比較的早く致死する(4.1節参照).また,昆虫病原線虫も,線虫に共生している細菌が宿主昆虫内で急速に増殖することにより致死させるため比較的効果が早い(4.5節参照).このような殺虫スピードが速い防除資材は,他の生物的防除資材と比べて化学合成農薬に近い使用法が可能であり,散布当世代での効果を期待して施用することができる.

　一方,感染虫の体内で増殖した後に致死させるような病原微生物の場合には,害虫を殺すまでのスピードが遅いことを考慮して使用することが必要である.日本では,チャの害虫であるハマキガ類(チャハマキとチャノコカクモンハマキ)の防除に顆粒病ウイルスが使用されている.これらのハマキガ類は年に4～5世代発生し,第1世代の若齢幼虫は5月頃に発生するためこの頃ウイルスの散布を行う.この時期はちょうど一番茶の収穫後にあたるが,この第1世代の幼虫に対する1回の散布によりほぼ通年ハマキガの被害を抑えることが

できる.すなわち第2,第3,第4世代の防除を省略することができるのである.これは,散布されたウイルスに第1世代の幼虫が感染し,そこで増殖したウイルスが次世代に伝播されるためである.顆粒病ウイルス感染虫は,幼虫期間が延長して致死するため顆粒病ウイルスの散布では第1世代のハマキガ幼虫の食害を抑えることはできないが,幼虫の食害がひどくなるのは一番茶の収穫後なのでそれほど影響がない.そのかわりウイルスを散布された第1世代は幼虫で致死し成虫になる個体数が減少するので,第2世代以降のハマキガ幼虫の発生を抑えることができる.これは,接種的放飼法の一例といえる.

2.4.3 日本の現状

欧米では,微生物防除資材の市場は,2004年において年間2億ドル(約240億円)であった.また,その市場は右肩上がりに成長しており,1985年には,2500万ドルであったので,19年間のうちに8倍に成長したことになる(図2.17).中国では微生物資材の登録件数が300件,BT製剤だけでも年間約48億円(2001年)の市場である(Gelernter, 2007).日本では,化学合成農薬などを含む農薬全出荷額のうち天敵昆虫や天敵微生物さらに生物資材を使った抗菌剤や除草剤を含めた生物防除資材の占める割合は,2005年には0.6%(23億円)にすぎない.日本における微生物防除資材の市場は,このように成長途

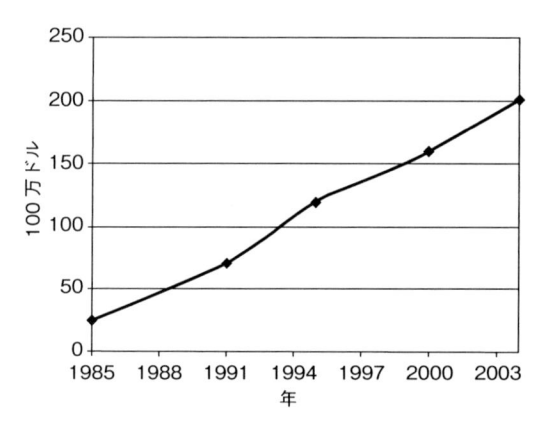

図 2.17 欧米における微生物殺虫剤市場の動向
(W.D. Gelernter (2007): *Journal of Invertebrate Pathology* **95**, 161-167 より引用)

上という状況であるが，日本においても出荷額が年々増加しているので，今後の成長が期待される（図2.16）．

2.4.4 微生物資材の特徴

微生物資材は殺虫剤としてどのような特徴があるか．表2.6に天敵昆虫と共通する微生物資材の特徴（これらを合わせて天敵資材の一般的特徴とする）を化学合成農薬と比べた場合の長所と短所，微生物資材を天敵昆虫と比べた場合の一般的な長所と短所を示す．微生物資材の多くの特徴は天敵昆虫と類似している．

微生物資材は，天敵昆虫の場合と同様に，一般に宿主範囲が狭いものが多く標的外の生物に対する影響がほとんどない．この特徴は，殺虫スペクトラムが狭いという意味では短所であるが，安全性を考えると長所といえる．ヒトなどの脊椎動物や植物への悪影響，環境汚染，残留毒性など化学合成農薬で懸念されている問題がほとんどないといえる．そのため，微生物資材も，IPMにお

表2.6 天敵資材と微生物資材の長所と短所

	化学合成農薬と比べた天敵資材の一般的特徴[1]	天敵昆虫と比べた微生物資材の一般的特徴
長所	特異性が高いため安全性が高い[2] 脊椎動物や植物には無害 残留毒性がない 環境汚染が少ない 他の天敵に影響がほとんどない[3] 抵抗性が発達しない[4]	他の生物防除資材や化学合成農薬との組み合わせが可能 製剤の有効期限が天敵昆虫に比べて長い 散布後環境中での生残率が高い 安価な培地があれば生産コストを下げることが可能 化学農薬のような散布作業ができる（作業がしやすい） 二次寄生者等，天敵の天敵がほとんどいない
短所	宿主範囲が狭いことが多い[2] 致死までに時間がかかる 生産コストが高い（特に生きた昆虫で増殖する場合）製剤の有効期限が化学合成農薬に比べて短い 環境要因により失活することを考慮しなければならない（紫外線，湿度，温度など）	抵抗性が発達した事例がある[3] 植物の種類により効果に影響を受けることがある

(Lacey (2003) より一部改変)

[1] 微生物資材と天敵昆虫を合わせて天敵資材とする．ここでは天敵昆虫にも微生物資材にも共通の特徴.
[2] 長所でも短所でもある．
[3] 特異性が高いため，化学合成農薬と比べて土着天敵など他の天敵に対する影響は少ないが，昆虫病原微生物に感染した宿主に捕食寄生者が寄生した場合などには影響がある．
[4] 抵抗性が発達したという事例がBt製剤，*Bacillus sphaericus*製剤，コドリンガ顆粒病ウイルス剤で報告されているが，一般的に事例は少ない．

いて有効な資材となりうる．また，天敵昆虫の場合と違って比較的化学合成農薬の影響を受けにくい．このことは，野外に複数の害虫や病気が発生している場合には有効であり，減農薬につながる．この場合，スペクトラムの広い殺菌剤と昆虫病原糸状菌を組み合わせるなどは避けなければならない．しかし，反対に化学合成農薬と組み合わせることにより微生物殺虫剤の効果が高まる場合もある．芝草などの害虫であるドウガネブイブイ *Anomala cuprea* の幼虫に昆虫病原糸状菌 *Metarhizium anisopliae* と有機リン剤であるフェノトロチオン（fenitrothion）を同時に接種するとその効果が相乗されることが報告されている．化学合成殺虫剤によりドウガネブイブイ幼虫の生体防御機構が低下し，それにより糸状菌に対する感受性が高まることが原因の一つであることが示されている（Hiromori *et al.*, 2001）．

　一方，天敵微生物は，寄生蜂や捕食者などの天敵昆虫にはどのような影響があるだろうか．害虫の天敵である寄生蜂などが微生物資材に感染した宿主に同時に寄生した場合には，宿主が感染致死するため寄生蜂の生存率が下がることがある．多くの場合には，宿主という資源をめぐって寄生蜂と天敵微生物の間で競争が起こり，最終的にはその両方に悪影響が起こる場合がある．また，微生物資材のなかには，有効成分の天敵微生物自体は天敵昆虫に影響がないが，製剤に含まれる油成分が天敵昆虫に悪影響を及ぼすということもある．しかし，寄生や感染のタイミングなどによっては影響がほとんどない場合もあり，化学合成農薬のように寄生蜂成虫を直接致死させることはないため，その影響は化学合成農薬に比べると非常に少ないといえる．

　ある個体群の殺虫剤に対する感受性が低下し，最終的に抵抗性を発達させることがある．天敵微生物は，宿主との長い共進化の過程で宿主の抵抗性発達機構を回避するように進化してきたため化学合成殺虫剤のように害虫に抵抗性の発達が起きにくいだろうと考えられていた．しかし，BT 製剤に対する抵抗性発達の事例が野外で報告されている（4.1 節参照）．アブラナ科野菜の重要害虫であるコナガ（チョウ目）は，さまざまな化学合成農薬に対して抵抗性を獲得している．コナガは，世代期間が短いため作物の栽培期間に何度も世代を繰り返す．同じ殺虫剤を繰り返し施用し，その殺虫剤に抵抗性の個体群が出現すると，殺虫剤が効かなくなる．コナガは本来 BT 製剤に感受性が高く，ハワイやアジア各地の熱帯高地ではアブラナ科野菜が通年で栽培されており，くり返

しBT製剤が散布されていた．このような圃場でBT製剤に対して抵抗性のコナガ野外害虫個体群が出現した．この抵抗性のメカニズムとしては，抵抗性コナガの中腸上皮組織に対して *B. thuringiensis* の毒素タンパク質の結合能が低下することが報告されている．その後，イラクサギンウワバにおいてもBT剤に対する抵抗性個体群の出現が報告されている．

これまでBT剤の場合以外で，微生物資材に対する抵抗性を発達させたという事例はほとんどなかった．しかし，近年ヨーロッパでコドリンガ顆粒病ウイルス（*Cydia pomonella* granulovirus；CpGV）に対して抵抗性を発達させたという事例が報告された．コドリンガは，リンゴなどの果樹の重要な害虫であり，多くの化学合成殺虫剤に対する抵抗性発達が問題になっていた．CpGVを主成分とするウイルス資材は，1960年代から開発が始まり，1980年代にスイス，ドイツ，フランスで農薬登録された．CpGVのヨーロッパでの年間散布面積は，100,000 ha である．ところが2005年頃からCpGVに対する抵抗性のコドリンガ個体群が報告された．抵抗性比は1000倍以上である．ヨーロッパで資材化されたCpGVは，メキシコで採取された分離株であり，その分離株だけが防除に使用されていた．現在は，世界中からCpGVの分離株を集めてより病原力の高い分離株を選択することや，抵抗性を獲得したコドリンガの遺伝様式などを調査することにより抵抗性発達を回避する方法を確立するなど，問題解決のための研究が進められている．

害虫の抵抗性発達を回避するためには，殺虫メカニズムの異なる防除資材を組み合わせてローテーションを組んで使用したりするなどが必要である．天敵微生物資材でも化学合成殺虫剤と同様に抵抗性発達の可能性を考慮に入れて使用する必要がある．上記のように天敵微生物においても，抵抗性が発達しうることがわかってきたが，化学合成殺虫剤とは殺虫メカニズムが異なることから，これらを組み合わせてローテーション散布を行うことは，抵抗性の発達を遅らせたり回避させるのに役立つかもしれない．

微生物資材の天敵昆虫と共通する最大の短所の一つは，散布後，感染虫は致死するまでに時間がかかること，すなわち，化学合成農薬に比べて速効性に欠けることである．また，もうひとつの短所として，生産コストが高いことがあげられる．特に，昆虫病原微生物を増殖させるための宿主，あるいは捕食者や捕食寄生者の餌や寄主として生きた昆虫を必要とする場合には生産コストが高

くなる傾向がある．ウイルスや微胞子虫は，その増殖に生きた昆虫が必要であるため，生産コストを下げることはなかなかむずかしいが，細菌や糸状菌は培地での増殖が可能なので，安価な培地を開発することにより生産コストを下げることが可能である．

　そのほかに，天敵昆虫と比較して，微生物資材にみられる特徴としてどのようなものがあるだろうか．微生物資材は，化学合成農薬と同様な手法で散布作業を行うことができるため既存の散布機などの設備を用いることができ，散布作業に慣れた生産者には取り入れやすいものである．また，微生物資材は，紫外線，高温，多湿など環境要因によっては失活するが，天敵昆虫に比べると比較的安定である．因みに，昆虫病原糸状菌製剤の場合は，糸状菌（カビ）の生育に適した湿度や温度が高めの状態で使用する必要がある．このような高温多湿は，病害（植物の病気）の発生を促す環境でもあるため，圃場で使用する際には注意が必要である．天敵昆虫は，生きた昆虫を生産工場から圃場に運ばなければならないため，運搬に時間がかかると死滅してしまう．また，一時的に保管する場合も，生きた昆虫に悪影響のない条件の場所が必要である．しかし，微生物資材の有効期限は，一般に化学合成農薬に比べると短いが，天敵昆虫に比べると長い．また，低温での保存が可能であり，取り扱いが比較的簡便である．また．ウイルス包埋体（4.2節）や細菌の胞子（4.1節）などは，散布後も環境中（宿主昆虫の体外）での生残率が高い．例えば，核多角体病ウイルス（NPV）は，野外の土壌中で数年間失活せずに生残したという報告がある．

　線虫以外の昆虫病原微生物は，天敵昆虫と違って探索行動をして宿主昆虫を探すことはない．一方，害虫が摂食する植物の種類によって病原微生物の感受性が異なることが報告されている．例えば，ワタを摂食する昆虫はNPVに対する感受性が低下することが知られている．その理由の一つとしては，バキュロウイルスの包埋体は中腸内の高アルカリ条件で溶解するが（4.2節参照），ワタの葉の表面はpHが低いため腸内に取り込まれた包埋体が溶解しないからである．また，昆虫の腸内管腔には，腸を裏打ちしてその上皮組織を保護している囲食膜という非細胞性の膜が存在する．この囲食膜は，ワタを摂食した宿主幼虫では厚くなりウイルス粒子が中腸細胞に到達しないことが示されており，これらが関与していると考えられている．また，BT製剤は，イチゴなど

の作物に対しては殺虫効果が低減することが知られているが,イチゴの葉にはBT製剤の殺虫活性を低減させる成分が多く含まれている可能性が示唆されている.このように,微生物資材を用いるときには,特に植物との関係にも注意すべきである.

寄生蜂などの天敵昆虫には,天敵が存在する.寄生蜂に寄生する寄生蜂などであるが,二次寄生者あるいは,高次捕食寄生者(secondary parasitoid あるいは hyperparasitoid)と呼ばれている(3.1節参照).このような高次寄生者は,生物的防除を行う際の弊害となるが,天敵微生物の二次寄生者に相当する天敵はほとんどなく,このような問題はほとんど起きていない.

このように微生物資材は,いわば天敵昆虫と化学合成農薬の中間のような特徴をもっている.化学合成農薬の使用に慣れた農家が生物的防除を導入する場合に,施用法や保存法などの取り扱いが化学合成農薬と大きく違う天敵昆虫をいきなり使うのは敷居が高いかもしれない.しかし,微生物資材は,施用法など化学合成農薬に似た特徴があるので天敵昆虫よりもスムーズに導入できるかもしれない.また,前述のように,一般的には化学合成農薬とも天敵昆虫とも組み合わせることが可能であるなど,その特徴をよく理解することによりIPMの基幹技術として重要な役割を果たすと考えられる.

害虫の密度が急激に増加したときに,カビやウイルスなどの天敵微生物が流行し,個体群が終息することがしばしば報告されている(図2.18).このよう

図2.18 アブラムシの大発生が,自然に発生した糸状菌(*Pandora neoaphidis*)により終息した(島津光明氏提供)

なことから，天敵微生物は，生物的防除の使用に適する潜在能力があると考えられる．天敵微生物のこのような潜在能力を最大限に発揮する条件（環境条件，宿主昆虫のタイプ，作物の種類等）を明らかにすることにより，微生物防除の利用が拡大することが期待される．しかし，微生物防除資材を研究する場合には，応用昆虫学と応用微生物学（あるいはウイルス学，線虫学）という異なる学問を基盤とした知識が必要になる．これが微生物防除に関する研究の敷居を高くしている理由の一つかもしれない．しかし，このような学問分野の境界領域こそ新しい知見が得られる可能性があり，若い研究者にチャレンジしてもらいたい分野である． 〔仲井まどか〕

■参考文献

Gelernter, W.D. (2007) Microbial control in Asia：A bellwether for the future? *Journal of Invertebrate Pathology* **95**：161-167.

Hajek, A.E. (2004) Natural Enemies, An Introduction to Biological Control, Cambridge University Press, 378pp.

Hiromori, H. and J. Nishigaki (2001) Factor analysis of synergistic effect between the entomopathogenic fungus *Metharhizium anisopliae* and synthetic insecticides. *Applied Entomology and Zoology*, **36**, 231-236.

Lacey, L.A., R. Frutos, H.K. Kaya and P. Vials (2001) Insect pathogens as biological control agents：Do they have a future? *Biological Control* **21**：230-248.

島津光明 (2000) 森林微生物生態学（二井一禎・肘井直樹編著）．朝倉書店．

3. 昆虫の天敵

3.1 天敵のグループ分け

　昆虫の天敵として機能する生物には，大きく分けて，①捕食者（predator），②捕食寄生者（parasitoid），③病原微生物（病原体）（pathogen），が含まれる．前二者は食虫性（entomophagous），後者は昆虫病原性（entomopathogenic）の生物である．

　捕食者とは，他の生物種を餌（prey）として捕らえ摂食する生物のことであり，このような摂食行為を捕食（predation）と呼ぶ．捕食により獲物となった対象生物を直接的に殺す．昆虫の捕食者としては，鳥類，ハ虫類，両生類などの脊椎動物とクモ類や昆虫などの無脊椎動物が含まれる．鳥類にはひな鳥を育てる際，タンパク質源として昆虫を盛んに捕らえるものも多く，またトカゲやカエルなども昆虫を餌として利用する種が多い．クモ類もまた強力な昆虫捕食性の無脊椎動物である．一方，捕食性の昆虫も多種多様であり，カマキリやトンボなどは一般にも有名であるが，それ以外にもスズメバチやアシナガバチのようなハチ目，テントウムシやゴミムシのような甲虫目のほか，さまざまな分類群に捕食性の昆虫が知られる．害虫の生物的防除に利用されてきた捕食者は主に昆虫類である．

　捕食寄生者とは，他の生物に寄生（parasitism）し，それを餌資源として摂食する結果，寄生対象生物を直接死に至らしめる生物のことである．シラミ，ノミ，回虫などはよく知られた寄生者（parasite）であるが，宿主（host）を寄生の結果，直接死に至らしめることがないのに対して，捕食寄生者は寄生対象の生物を殺してしまう点が大きく異なる（parasitoid = parasite + oid，すなわち parasite に似て異なるものの意）．そして捕食寄生者の寄生対象の生物

は，宿主ではなく，「寄主」（きしゅ）と呼ぶ（ただし英語ではどちらも host と呼ぶ）．宿主を殺さない寄生者は，捕食寄生者との違いを明確にするため真性寄生者（true parasite）とも呼ばれる．

捕食寄生者のほぼすべてが昆虫類であり，ハチ目とハエ目の昆虫に多数の種が知られるほか，甲虫目にも捕食寄生者となるグループが知られる．また寄主として利用される生物もまたほとんどの場合において昆虫類である（一部，ダニなど昆虫以外の生物を利用する捕食寄生者がいる）．生物的防除に用いられてきた天敵昆虫の多くは捕食寄生者である．ところでネジレバネ目（＝撚翅目）は内部寄生性の昆虫であるが，ただちに寄生対象の昆虫を殺さないものの完全に不妊化あるいは去勢してしまい，最終的には繁殖することなく死に至らしめるものがある．この点から，ネジレバネは真性寄生者とはいえず，多くの捕食寄生者とも異なる．興味深いことにスズメバチネジレバネに寄生されたスズメバチの働き蜂は越冬し翌年まで生き残ることができるという（通常，働き蜂は冬がくる前に死に絶える）．

病原微生物とは，他の生物に病気を引き起こす生物のことである．昆虫病原性の生物には，最終的に宿主を殺してしまうものが多く含まれ，天敵として重要な働きを担っている．昆虫病原性の生物には，細菌，ウイルス，カビ，原虫，線虫が含まれる（第 4 章参照）．

3.1.1 昆虫の捕食者

餌利用に関する特化の程度は捕食者によって異なる．捕食対象の餌の範囲に応じて捕食者はおおまかにジェネラリスト（generalist）とスペシャリスト（specialist）に分けることができ，前者は複数種を餌として利用するのに対し後者は一種ないしはごく限られた近縁種のみ捕食する．複数の餌種を利用する捕食者では，利用可能な餌種の存在頻度に応じて，捕食対象をスイッチする場合がある．なおジェネラリストは広食者（時に汎食性），スペシャリストは単食者とも呼ぶ．昆虫を捕食する脊椎動物のほぼすべては完全なジェネラリストであるが，捕食性昆虫にはスペシャリストである種も数多く含まれる．テントウムシ科の甲虫でみると，ナナホシテントウやナミテントウはさまざまな種類のアブラムシを主に捕食し，さらに他種のテントウムシや他の昆虫の卵と幼虫も餌とするジェネラリストであるが，ベダリアテントウはほぼイセリアカイガ

ラムシだけを餌とするスペシャリストである．またツガヒメテントウは針葉樹のツガに特異的に生息する結果，特定種のアブラムシのみを餌とするため，実質上スペシャリストになる．なお餌対象となるのは，別の昆虫種とは限らない．捕食性無脊椎動物（昆虫，クモ，ダニなど）では「共食い」（cannibalism）が広く認められる．

　捕食性昆虫では，昆虫だけを餌とするのではなく，花の蜜や花粉などの植物質も摂食するため，厳密には雑食者（omnivore）として機能するものも多い．逆に，基本的に植食者として活動しているが，時に他の昆虫を捕らえ捕食者として機能する種類も認められる．また餌不足の年には，腐食生物（scavenger）となる場合もある．例えばナナホシテントウやナミテントウはアブラムシを主な餌とするが，花や花外蜜腺由来の蜜を舐める．またヒメハナカメムシの仲間では，頻繁に植物の汁を吸うことが観察され，植物から水分やミネラルを補給していると考えられる．また，カメムシの仲間では完全な捕食者から植食者までさまざまな段階の餌範囲を示すものが存在する．

　次に捕食者として機能する発育段階は捕食性昆虫によってさまざまである．捕食性昆虫では，捕食寄生者に比較して，その生活史がグループにより大きく異なるからである．すなわち捕食者となる発育段階が，成虫と未成熟期（幼虫ないしは若虫）の両方であるものがある一方，未成熟期のみ捕食者として活動するものも多い．例えば，ハエ目のヒラタアブ類はアブラムシの重要な捕食性天敵であるが，幼虫期のみ捕食者として機能する．一方，同じハエ目でもムシヒキアブの仲間は幼虫期だけでなく成虫期にも捕食者となる．またゲンジボタルやヘイケボタルは幼虫期のみ貝類の捕食者となる．

　成虫と未成熟期の両発育段階で捕食者として活動するもののうち，害虫の天敵として有名なものには，カブリダニ，クモ，テントウムシ，ヒメハナカメムシ，ハナカメムシ，オオメカメムシ，ゴミムシなどがある．ほかに陸生の捕食性昆虫では，ハネカクシ，カッコウムシ，クチブトカメムシ，サシガメ，カマキリ，ハサミムシ，水生捕食性昆虫では，ゲンゴロウ，カタビロアメンボ，タガメ，ミズカマキリなどと多様である．

　どちらの発育段階でも捕食者となる天敵昆虫では，成虫と未成熟期（幼虫ないしは若虫）の生息環境が全く異なるものがある．例えば，トンボ目の成虫は陸生の捕食者である一方，ヤゴは水生捕食者であるし，ムシヒキアブでは成虫

は飛翔中の昆虫を捕らえ体液を吸うが，幼虫は土中や朽ち木に生息する捕食者である．

一方，幼虫期のみ捕食者となるものも多い．アブラムシの天敵として有名なクサカゲロウ，ヒラタアブ，捕食性タマバエなどがこれに該当する．逆に成虫期のみ捕食者となるグループは少ないが，ハバチの仲間（ハチ目広腰亜目）では幼虫は完全な植食性であるが，雌成虫がアブラムシやハエなど他の昆虫を捕食するものがある．おそらく卵生産のための資源を得るため昆虫を食べるのであろう．

ところで社会性ハチ目の昆虫には強力な捕食者が含まれる．アリやアシナガバチ，スズメバチである．彼らは成虫期に他の昆虫類を狩るが，これは自らの餌としてではなく，彼らの幼虫の餌資源として利用することが目的である．同様にカリバチの仲間（ドロバチやアナバチなど）においても，狩りをする目的は幼虫の餌資源の確保である（卵巣発育のため他の昆虫を摂食する種もいるが）．このような点から彼らはテントウムシやカマキリなどの捕食者とは大きく異なる．

捕食者による捕食戦術は大きく二つのタイプに分けることができる．すわなち待ち伏せ型（sit-and-wait あるいは ambush type）と探索型である．カマキリ，クモ，ヤゴ，タガメなどは前者タイプになる．ウスバカゲロウの幼虫であるアリジゴクなどは究極の待ち伏せ型捕食者であろう．また獲物を捕らえる手段として網やワナを使用するものが含まれる．造網性のクモなどがこれにあたる（trapper と呼ぶ場合がある）．一方，テントウムシ，オサムシ，トンボ（成虫），ヒメハナカメムシ，カブリダニなどは後者である．

前者のタイプは餌が来そうな場所で待ち伏せを行うが，この戦略は移動に関わる消費エネルギーを最小限にできる一方，餌に遭遇する確率が一般に低い．このため，しばしば飢餓耐性が著しく発達している．探索型の捕食性昆虫では餌密度の高い場所を積極的に探し出す（3.5節参照）．ヒラタアブや捕食性タマバエをはじめ移動力が高くない幼虫期に捕食者となるものでは，自由生活者である雌成虫が餌の多い植物を選択し産卵する．テントウムシやヒメハナカメムシなどの幼虫も成虫に比べ移動力が低いが，やはり雌成虫は餌が多い植物を産卵場所として選ぶ．このようなおおよそ餌が十分いる環境に産み落とされる捕食者では，餌に接近するまではランダムな探索を行う（機会的探索：random search). 一方, トンボ, カリバチ, アシナガバチ, オサムシ, ハンミョウなどは, 自分自身で餌がいる環境を自由に探し出し, 獲物を発見・追跡し捕らえるため, 機会的探索者 (random searcher) とは区別して hunter と呼ぶことがある. なお待ち伏せ型であっても餌密度や飢餓状態に応じて探索型の捕食戦術に切り替えるものも多い.

3.1.2 昆虫の捕食寄生者

　捕食寄生者の多くはハチ目の寄生蜂（寄生バチ, ヤドリバチとも呼ぶ）とハエ目（主にヤドリバエ科）の仲間で占められる. それ以外に甲虫目にも捕食寄生者がおり, 例えばカマキリの卵嚢に寄生するカマキリタマゴカツオブシムシ, ケラ卵嚢の捕食寄生者であるミイデラゴミムシ, スズメバチやドロバチに寄生するオオハナノミなどが含まれる.

　これらの昆虫すべてにおいて捕食寄生者として機能するのは幼虫期であり, 成虫はもっぱら自由生活者である. 寄生対象となる寄主を探すのは雌個体のみであり, 捕食寄生者の雄成虫は寄主とは無関係な生活を送る. ハチ目とハエ目捕食寄生者の雌成虫は, 寄主を探し出すための特異的な寄主探索行動や産卵管などを発達させている（3.2節参照）.

　捕食寄生者は, 通常, 幼虫期にただ1個体の寄主を摂食し発育を完了する. 逆にいえば幼虫が複数個体の寄主昆虫を殺すことはない. ただし例外があり, クモ卵嚢に寄生するイワタクモヤドリフシヒメバチや多寄生性カタビロコバチに寄生する *Thrybius* 属のトガリヒメバチでは, 複数個体の寄主を食い殺す. 幼虫期に消費する餌資源量は雌親が産卵した寄主個体の大きさを反映するため, 捕食寄生者成虫の体の大きさは寄主にほぼ同じか小さい.

　捕食寄生者の寄生様式は多様である. まず寄主で発育可能な個体数に関して大きく二つのグループに分けることができる. 一つの寄主に一個体の捕食寄生者のみが成熟するタイプを単寄生者あるいは単寄生性の捕食寄生者 (solitary parasitoid), 複数の個体が発育するものを多寄生者あるいは多寄生性の捕食寄生者 (gregarious parasitoid) と呼ぶ. また寄生する部位が寄主体上である場合, そのような捕食寄生者を外部寄生者 (外部捕食寄生者, ectoparasitoid), 寄主体内に寄生するものを内部寄生者 (内部捕食寄生者, endoparasitoid) と呼ぶ.

また捕食寄生者では利用する寄主の範囲と発育段階が，種によって決まっている．寄主の範囲（host range）とは寄生対象となる寄主種の範囲のことであり，さまざまな寄主種を利用できる捕食寄生者は寄主に関する特異性（寄主特異性，host specificity）が低いことを意味し，逆に特定種ないしはごく少数種の寄主のみに寄生する捕食寄生者は寄主特異性が高いということである．1種の寄主種のみを利用する捕食寄生者のことを単食性（monophagous）あるいはスペシャリスト捕食寄生者，多数の寄主種を利用するものを広食性（polyphagous）あるいはジェネラリスト捕食寄生者と呼ぶ．両者の中間程度，つまりごく限られた範囲の種に寄生する者を便宜上，狭食性（oligophagous）捕食寄生者と呼ぶこともある．寄主範囲を決定する要因としては，生理的な要因と生態的な要因があり，生理的に寄生可能でも生態的に狭食性捕食寄生者になっている場合がある．

　さらに産卵時の寄主の発育段階に関しても捕食寄生者の種により決まっている．例えば，生物的防除にしばしば利用されているタマゴヤドリコバチ科のタマゴコバチ *Trichogramma* spp.は寄主の発育段階が卵のときに寄生するが，キョウソヤドリコバチ *Nasonia vitripennis* は寄主となるハエの囲蛹（蛹）にのみ卵を産み付ける．寄生する発育段階に応じて，卵捕食寄生者（egg parasitoid），幼虫捕食寄生者（larval parasitoid），蛹捕食寄生者（pupal parasitoid），成虫捕食寄生者（adult parasitoid）と呼ぶ．また，寄主の卵に卵を産みつけ寄主が幼虫になったときに発育して脱出する場合を卵-幼虫捕食寄生者（egg-larval parasitoid）という．

　卵や幼虫期の捕食寄生者の発育特性は二つのタイプに分けることができる*．一つは殺傷捕食寄生者（idiobiont）と呼ばれるもので，雌親が寄主を産卵時に永久麻酔するか殺してしまう捕食寄生者であり，捕食寄生者幼虫は発育を停止した状態の寄主を食べて育つ．最初にもっている現金で一生生活するタイプといえる．多くの外部寄生蜂や蛹に寄生するヒラタヒメバチ亜科に属する寄生蜂

---

*Haeselbarth（1979）が，外部寄生と内部寄生という分類では例外も多くわかりにくいので，寄生後の寄主が脱皮や成長をするかどうかで分けて，ギリシャ語で idios が「個々の独立した」，koinos は「共同の」という意味から idiophyte と koinophyte として分類した．それをさらに Askew and Shaw（1986）が「生命」という意味の bios をつけて idiobiont（独居制寄生体）と koinobiont（共同制寄生体）にした．ここでは寄生の実情に合わせた日本語として idiobiont を殺傷捕食寄生者とし，koinobiont を飼い殺し捕食寄生者とした．

3.1 天敵のグループ分け

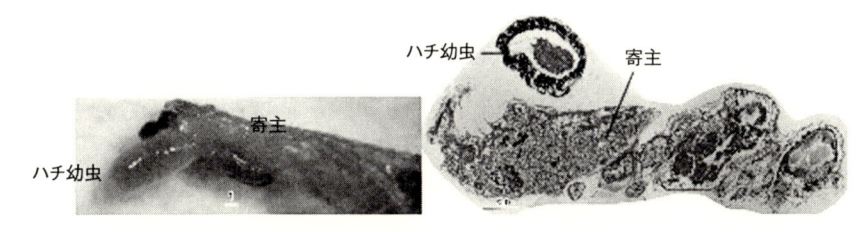

ハチ幼虫　寄主　　　　　　　ハチ幼虫　　寄主

図3.1 idiobiont である二次寄生蜂が麻酔されている寄主（一次寄生蜂）を食べているところ
左は寄主内に頭をつっこんで食べているところ，右はその切片：寄主の一部が食べられているのがわかる．

やコマユバチ科の *Bracon* は，寄主を永久的に麻酔するか殺す作用の毒液をもつことが知られている（Edwards and Weaver, 2001）．図3.1は二次捕食寄生蜂で，雌バチが毒液で寄生時に寄主（一次寄生蜂）を麻酔し，ふ化した幼虫が寄主を食べているところ．切片では食べられたところがちょうどなくなっているのがわかる．

もう一方は，母親が産卵した後も寄主は通常通り発育を継続するタイプであり，飼い殺し捕食寄生者（koinobiont）と呼ばれる．銀行などに最初にお金を預けて若干の利子を得ながら生活するタイプといえる．寄主は一見すると健全であり餌を食べて普通に育つが，ある決まった発育段階に達すると捕食寄生者の幼虫が摂食活動を開始し一気に寄主を食い殺す．外部寄生と内部寄生の両方がいるが，多くは内部寄生で，寄生されているかは外見からは簡単にはわからない．外から取ってきたチョウの幼虫に餌をやって育てていると，ある日突然，体の中から変なものが出てきて，しぼんだようになって死んでそばに小さいマユのようなものがあるといった覚えがある人もいるのではないか．ある一定期間，寄主を傷つけることなく寄主とともに生活する飼い殺し捕食寄生者は非常に高度な寄生様式をとり，寄主免疫，摂食，発育，寄主の行動の制御を行う（詳しくは3.4節参照）．

上述した各種寄生様式は捕食寄生者の種類によりさまざまに組み合わせられる．例えばアオムシヒラタヒメバチ *Itoplectis naranyae* はコブノメイガやイネヨトウの蛹に寄生する殺傷型の単寄生性内部捕食寄生者であり，キンウワバトビコバチ *Codidosoma floridanum* はウワバガの幼虫に寄生する飼い殺し型の多寄生性内部捕食寄生者である．

また捕食寄生者に寄生する種類も多く，それらは二次捕食寄生者（secondary parasitoid）あるいは高次捕食寄生者（hyperparasitoid）と呼ばれ，植食性昆虫などに寄生する一次捕食寄生者（primary parasitoid）と区別される．二次捕食寄生者は有用な天敵捕食寄生者の天敵（つまり天敵の天敵）として機能する場合があり，生物的防除の重要な阻害要因となる（2.4.4参照）．

〔上野高敏〕

■参考文献

Askew, R. R. and M. R. Show (1986) *Parasitoid* communities: their size, structure and development. pp. 225-264. In Insect *Parasitoids* (eds. J. Waage and D. Greathead), Academic Press, New York.

Edwards, J. P. and R. J. Weaver (2001) Endocrine interactions of insect parasites and pathogens, Experimental Biology Reviews (Ser. adv. D. W. Lawlor, M. Thorndyke) BIOS Scientific Publishers Oxford.

3.2 捕食寄生者の行動

寄生性昆虫が羽化する場合，その場所が寄主の生息場所であれば容易に寄主発見できるであろうが，もし，寄主個体群がどこかに移動してしまった場所であれば「寄主生息場所の発見」行動がまず必要になる．ひとたび寄主生息場所に入ればそのなかで寄主の手がかりを発見することになる．

図3.2に示した行動フローチャートは，一般的な寄生性昆虫の羽化してから寄主に産卵するまでの行動を簡略化して示したものである．寄生蜂が羽化後寄主昆虫を発見しようとする場合，いくつかのステップを経過して到達すると考えられている．①まず環境因子（温度，湿度，光など）の変化や寄生蜂自身の生理的因子（日周性，産卵衝動）によって静止状態からランダムな移動に移行する．②次に，植物からの嗅覚因子または寄主由来の遠距離誘引因子によって寄主の生息場所を発見する．この植物因子には，潜在的な寄主昆虫の餌植物からのにおいの場合と，寄主の摂食活動によって誘導される，植食者誘導性植物揮発性物質（herbivore-induced plant volatiles；HIPV，後述）が考えられる．寄主が用いる性フェロモンや集合フェロモンに寄生蜂が誘引される場合はここに含まれる．③寄主の生息場所内に入れば，あとは寄主認識の手がかりを探すことになる．寄主の残した鱗粉，噛み痕，排泄物などはカイロモン

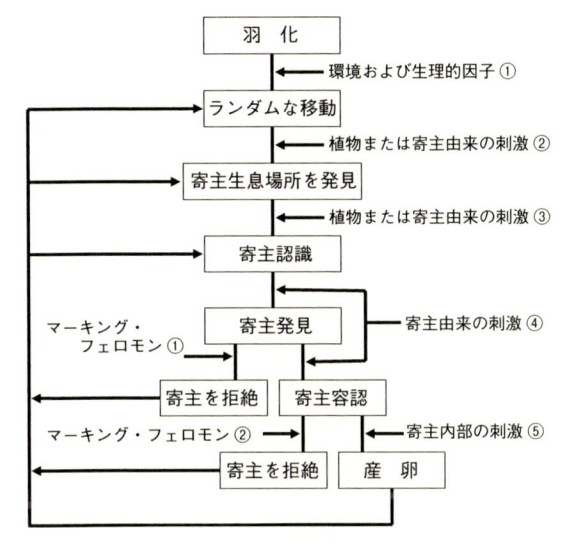

```
        ┌─────────┐
        │  羽 化  │
        └────┬────┘
             │ ← 環境および生理的因子 ①
        ┌────▼────────┐
  ┌────▶│ ランダムな移動 │
  │     └────┬────────┘
  │          │ ← 植物または寄主由来の刺激 ②
  │     ┌────▼────────┐
  │     │ 寄主生息場所を発見 │
  │     └────┬────────┘
  │          │ ← 植物または寄主由来の刺激 ③
  │     ┌────▼────┐
  │  ┌─▶│ 寄主認識 │
  │  │  └────┬────┘
  │  │       │ ← 寄主由来の刺激 ④
  │  │  ┌────▼────┐
  │  │  │ 寄主発見 │   マーキング・フェロモン①
  │  │  └─┬─────┬─┘
  │  │  ┌─▼──┐ ┌▼─────┐
  │  └──┤寄主を│ │寄主容認│
  │     │拒絶 │ └──┬───┘
  │     └────┘    │ ← 寄主内部の刺激 ⑤
  │          マーキング・フェロモン②
  │       ┌───▼──┐ ┌──────┐
  └───────┤寄主を│ │ 産 卵 │
          │拒絶 │ └──────┘
          └─────┘
```

図3.2 寄生性昆虫が羽化してから産卵するまでの行動フローチャート

(後述)源として重要である．植物由来の成分がここでも関わる場合もある．④ 寄主発見および寄主容認においては寄主自身の体表に含まれるカイロモンが重要になる．寄主の物理的因子（形，色，触感，動き）などもここでは手がかりとなる．寄主の周囲や寄主自身にマーキングフェロモン（図3.2①）があれば，寄生蜂はその寄主から立ち去る．内部寄生性の寄生蜂においては，寄主体内に産卵管を挿入して寄主の容認を行う．⑤ 寄生蜂は，産卵管を挿入した段階で寄主体内のカイロモンに触れ，寄主内部のカイロモン刺激があれば産卵する．この際に，マーキングフェロモン（図3.2②）があれば産卵を回避して立ち去る．

3.2.1 寄生蜂のカイロモン

　寄生蜂が寄主を発見して産卵するまでの行動はさまざまな因子によって制御されているが，そのなかでも特に化学物質が重要な働きをしている．生物個体間で信号として働く化学物質を信号化学物質（semiochemicals）または情報化学物質（infochemicals）と呼び，そのなかでも同種個体間で伝達し合うものをフェロモン（pheromone），異種個体間で働くものをアレロケミカルス（allelo-

表3.1 種間相互作用物質（アレロケミカル）の分類

化学物質名の総称	出す側	受け取る側	例
カイロモン	−	＋	産卵刺激物質, 餌の匂い
アロモン	＋	−	防御物質
シノモン	＋	＋	花の匂い, HIPV
アニュモン*	無生物	＋	腐った肉の匂い

＋は有利，−は不利に働く．
* 微生物が関係していることが多く，最近では使われなくなった．

chemicals）と呼んでいる．アレロケミカルスは，さらに4種類に分類される（表3.1）．寄生蜂が寄主を発見する手がかりとなる化学物質は，カイロモン（kairomone）と呼ばれている．

以下に，寄主のステージごとにカイロモンの例をあげる．

a. 寄 主 卵

寄主が卵期のときに寄生する寄生蜂を卵寄生蜂と呼ぶ．タマゴヤドリコバチ科の *Trichogramma* 属の寄生蜂に関しては最もよく研究されている．

T. evanescens は，寄主タバコガ成虫が残した鱗粉により寄主探索行動が刺激されることがわかった．化学分析の結果，一連の炭化水素に活性がありそのなかでも tricosane の活性が最も強いことが示された．卵表面にもカイロモンは存在するという報告もあるが，ある曲率をもった球体があれば産卵行動をとるといわれており，水銀粒もその対象になった．産卵管を挿入したあとは卵内部の体液カイロモンが刺激となって産卵することが示され，生理的塩類溶液やアミノ酸が活性のある物質としてあげられている．

卵-幼虫寄生蜂にもカイロモンが重要な働きをしている．コマユバチ科のハマキコウラコマユバチ *Ascogaster reticulata* は，ハマキガ科のチャノコカクモンハマキなどを寄主とする卵-幼虫寄生蜂であるが，卵期に寄生する点では卵寄生蜂と変わりはない．本種では，寄主卵塊周辺の成虫鱗粉が寄主認識段階での刺激として重要であることがわかった．また，寄主表面の水溶性カイロモンが寄主発見および産卵刺激としての作用があった．さらに，産卵管挿入後の産卵刺激物質として，卵体液中のアミノ酸が同定された．パラフィルム膜にアミノ酸溶液をはさみ，膜表面に外部カイロモンを処理することで雌蜂は産卵を開始し本来の寄生がもつ以上の産卵活性をもっていることが示された（図3.3）．産み込まれた卵はアミノ酸だけでは発育もせず浸透圧異常による影響で死んで

図 3.3 アミノ酸溶液を入れた人工卵塊へ産卵するハマキコウラコマユバチ

しまうが，この例にみられるような単純なアミノ酸が刺激物質として利用されていることは，予想外の結果であった．しかし，アミノ酸の存在は寄主が生存していることを示しており，種特異的ではないアミノ酸が内部のカイロモンとして働いているのは，すでに外部カイロモンが特異性をもっているためにその必要がないのである．こう考えてみると，それぞれの段階のカイロモンが適応的に寄生蜂に選択されていることが推察できる．

近縁種の *Chelonus* 属の寄生蜂でも，内部カイロモンとしてアミノ酸が活性をもっており，寄生蜂のカイロモンとして共通の成分と思われる．クロタマゴバチ科の *Telenomus heliothidis* では，寄主タバコガの成虫付属腺由来のタンパク質がカイロモンとして同定されており，ヒメコバチ科の *Tetrastichus hagenowii* では，寄主成虫の付属腺由来のシュウ酸カルシウムに反応することが示された．

以上のように，卵を寄主とする場合は成虫が産卵するとき付着させる成分で由来は腹部付属腺という例が多い．前述のハマキコウラコマユバチでは分泌腺は特定できていないが，雌成虫の腹部に活性物質は多く含まれている．また，カイロモン活性は幼虫期にはみられないが，蛹にはみられた．興味深いのは，産卵とは無関係の雄成虫体液にも弱いながらカイロモン活性があったことである．

b．寄主幼虫

幼虫寄生蜂の場合，手がかりとなるカイロモンは，寄主幼虫自体，糞，絹

糸，脱皮殻，唾液，体液などで活性がみつかっている．

多くの種類で寄主表面および寄主幼虫の糞に反応する例がみられる．コマユバチ科の *Orgilus lepidus*, *Bracon mellitor*, *Microplitis croceipes* では，寄主糞からそれぞれヘプタン酸，長鎖脂肪酸エステル，13-メチルヘントリアコンタンが同定されている．ヒメバチ科のコクガヤドリチビアメバチ（*Venturia canescens*）では寄主幼虫糞から2種のケトンが同定されている．

寄主幼虫の大腮腺からもカイロモンが見つかっている．コマユバチ科の *Cardiochiles nigriceps* では，タバコガ幼虫の大腮腺からメチル側鎖の飽和炭化水素（C_{32}, C_{33}, C_{34}）が同定された．カリヤコマユバチ *Cotesia kariyai* では寄主アワヨトウの脱皮殻のカイロモンに反応することがわかり，分析の結果，2,5-ジアルキルテトラヒドロフラン化合物が同定された．

c. 寄 主 蛹

蛹寄生蜂の研究例は少ないが，ヒメバチ科やアシブトコバチ科の寄生蜂で寄主蛹の匂いが手がかりとなっていることを報告している．後者の *Brachymeria intermedia* では，マイマイガ蛹のヘキサン抽出物にカイロモン活性があり，ヘプタコサン，ノナコサン，メチル側鎖の炭化水素が同定されている．ヒメバチ科の *Itoplectis conquisitor* では，パラフィルムの袋に体液を入れた実験から蛹体液中に産卵刺激物質が含まれることがわかり，その成分が数種のアミノ酸を中心として，Mgイオン，トレハロースなどが促進因子であることがわかった．

d. 寄 主 成 虫

成虫がカイロモン源である場合には，卵，幼虫，蛹と比較して動き回る目標に対して寄生蜂は定位しなくてはならず，より正確な手がかりを必要とするだろう．現在までに報告されている例をみると，成虫のフェロモンを利用している例が多い．寄主成虫が交信に用いている情報化学物質を寄生蜂が利用しているわけである．この場合には，必ずしも成虫に寄生するわけではない．成虫に誘引され，その後産み落とされた卵に寄生する卵寄生蜂が知られている．嗅覚刺激の少ない卵を探索するより，活発にフェロモンを放出している成虫を目標に定位した方がはるかに効率よく寄主発見ができるのであろう．

卵寄生蜂のドクガクロタマゴバチはタイワンキドクガの性フェロモンに誘引される．しかし，寄生蜂はドクガ成虫の毛束のなかに潜り込みドクガが交尾し

て産卵するまでじっと待ち，産卵が終わると出てきてその卵に寄生する．この行動は「便乗，phoresy」と呼ばれていて，寄生蜂のなかでも特殊な寄主探索方法である．

ツヤコバチ科の寄生蜂が寄主カイガラムシの性フェロモンに，クロタマゴバチ科の寄生蜂が寄主カメムシの集合フェロモンに，コガネコバチ科の寄生蜂が寄主キクイムシの集合フェロモンに誘引される例などがある．前述の *T. evanescens* においては寄主ガの性フェロモンに誘引される例や，*Telenomus remus* が寄主の性フェロモン存在下で寄主探索が活発になる例がある．

幼虫寄生蜂も寄主成虫由来のマーキングフェロモンを利用している例がある．コマユバチ科の *Opius lectus* では，寄主のミバエ成虫が産卵時に果実上に残した産卵忌避フェロモン（oviposition-deterring pheromone）に反応して寄主発見を行う．この場合も，寄主の存在が確実であるが，寄主が卵期の間は寄生の対象にはならないので寄生蜂はしばらく待つ必要があるだろう．

e. 化学物質に依存しない寄主発見行動

物理的な刺激を手がかりとして寄主発見を行う種類もある．寄主の音や振動を感知して接近する例が知られている．

ヤドリバエ科の *Ormia ochracea* はコオロギ *Gryllus integer* 成虫の寄生バエとして知られている．実験として，コオロギの鳴き声を録音しテープレコーダーから流すと，ヤドリバエはテープレコーダーのスピーカーに定位し近づくことが観察され，音による定位であることがわかった．

ヒメバチ科のシロワヒラタヒメバチ *Pimpla turionellae* は，チョウ目の蛹を寄主とする寄生蜂であるが，植物体に隠れた寄主を発見する手段として，触角による振動を植物の茎に伝えることにより中に蛹がいるかどうかを感知する．振動に加えて植物の色の変化も視覚刺激として利用しているようである．隠れた場所の蛹のように化学的刺激のない場合には，寄主特異的ではないにしても物理的刺激を手がかりにした方が有効なのであろう．

f. 捕食性昆虫，ダニ類の餌発見

捕食性昆虫や捕食性ダニ類が餌動物を見つけ捕食に至る場合にも，寄生性昆虫と同様の行動様式（図3.3）が考えられる．すなわち，餌動物の生息場所の発見，認識，発見，容認，捕食と続く．この行動にも，化学物質が深く関わっているのでカイロモンを中心に述べる．

ナナホシテントウの最終的な餌発見において，アブラムシの体液がカイロモンとして作用していることが寒天を用いた生物検定から明らかになっている．ヒメクサカゲロウ成虫は，ワタの香気成分であるカリオフィレンに誘引される．そして，幼虫においてはタバコガ鱗粉に含まれるカイロモンが卵の捕食率を高める働きがあることが示された．

カブリダニ科のチリカブリダニ，ファラシスカブリダニなどにおいては，ハダニの絹糸・糞などにカイロモン活性があり，発見効率を高めている．

カッコウムシ科，コクヌスト科，ニセジョウカイ科，アシナガバエ科などの捕食性昆虫はキクイムシの集合フェロモン（フロンタリン，イプセノールなど）に誘引されることが知られている．同時に，樹木由来の α および β-ピネンなどにも誘引されており，両者の協力作用で餌発見を行っているようである．

カメムシ科のハリクチブトカメムシはチョウ目，甲虫目，ハチ目などの幼虫を餌としている．チョウ目のハスモンヨトウの体表抽出物から直鎖の炭化水素（n-ペンタデカン）が誘引性のあるカイロモンとして同定されている．また，口吻伸展因子として（E）-フィトールが同定されているが，これは本来ハスモンヨトウの餌植物由来の成分である．植食者が食べた餌のなかに捕食者のカイロモンとして利用される物質が含まれるのは興味深い現象である．

3.2.2 寄生性昆虫および捕食性昆虫・ダニ類と3者系

a. HIPVの発見

1983年にオランダのサベリス教授らによって，ハダニの食害を受けたマメ科植物がハダニの捕食者であるチリカブリダニを誘引することがY字管を使った実験（図3.4）から発見された．未加害植物の誘引性は低いことから，植食者誘導性の植物揮発性物質（HIPV）として存在が知られるようになってきた（3.5.3参照）．その後，寄生蜂においても同様の現象がみられることがわかった．1990年にTurlingsらのグループが，コマユバチ科の *Cotesia marginiventris* が，シロイチモジヨトウ *Spodoptera exigua* に加害されたトウモロコシに誘引されることを示した．また，同一株内であれば食害を受けた葉のみならず健全葉も寄生蜂を誘引することがわかり，この植食者食害から HIPV の放出までの反応は全身誘導（systemic induction）であることがわかった．そ

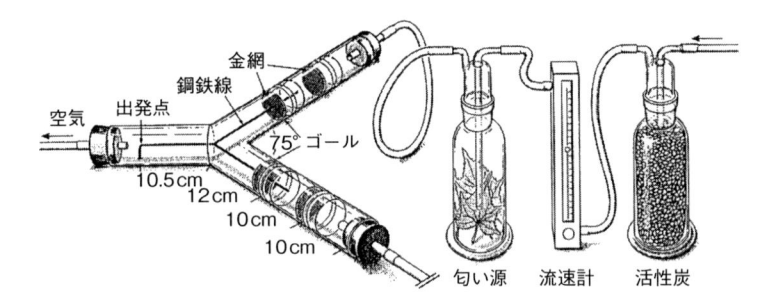

図 3.4 カブリダニの HIPV への誘引性を調べる Y 字管（高林, 1997）
左右から未被害葉と被害葉の匂いを同時に流す．ワイヤー上の出発点から歩き出したチリカブリダニは Y 字の分岐点でどちらかの匂いを選択する．ゴールを通過した個体を記録して，どちらの匂いを好んだかを判定する．空腹のチリカブリダニを用いて，ハダニ被害マメ葉の匂い対健全マメ葉の匂いで選択実験を行うと，約 80 ％のチリカブリダニが加害マメ葉の匂いに誘引された．

の後，捕食者や寄生性昆虫で HIPV の存在が見つかっている．

b．エリシターの役割

コマユバチ科のカリヤコマユバチはヤガ科のアワヨトウを寄主とする多寄生蜂である．このメス蜂は未加害のトウモロコシにはわずかしか誘引されないが，アワヨトウの食害を受けたトウモロコシにはよく反応し誘引される．この誘導は，トウモロコシに機械的な傷を付けその部分にアワヨトウの吐き戻し液を処理することで再現できる．この現象は，吐き戻し液中に誘導を引き起こす刺激物質すなわちエリシター（elicitor）が存在するからである．

HIPV の生産を誘導するエリシターとして，オオモンシロチョウから β-グルコシダーゼ，シロイチモジヨトウからボリシチン（N-(17-ヒドロキシリノレノイル)-L-グルタミン）が同定されている．ボリシチンはトウモロコシにおける HIPV を誘導するが，ワタやマメ科植物の誘導は行わない．しかし，実際にはシロイチモジヨトウはワタやマメ科植物を食害し HIPV の誘導が認められることから，ボリシチンはトウモロコシに特異的なエリシターであり，その他の植物には別のエリシターが存在することを示している．

では，なぜ植食者は天敵を誘引する物質を誘導するようなエリシターをもっているのだろうか？　ボリシチンの生合成の研究から，幼虫体内での窒素代謝の効率化に役立っていることがわかってきた．つまり，植食者は自分のためにボリシチンを作っていたのである．それが，植物にとって天敵を呼ぶ手段とし

て利用されることは，進化における昆虫と植物の攻防がみえてきて興味深い．

ヤガ科の S. frugiperda からはインセプチンが同定されている．この物質は，ササゲにおいてエチレン生産を促し，化学防御に関連したサリチル酸やジャスモン酸の増加を引き起こし，結果として HIPV 放出につながる．つまり，S. frugiperda 幼虫が葉を摂食し始めると ATP 合成酵素を取り込み，これが幼虫のタンパク質分解酵素で分解されインセプチンが作られる．そして，次に幼虫が葉を摂食するときにはインセプチンが唾液成分のように働き，サリチル酸や

表3.2 寄生性昆虫の利用する植物由来 HIPV が確認された例

目 ： 科	寄生性昆虫	寄主昆虫	由来植物
ハチ目：コマユバチ科	Cotesia marginiventris	シロイチモジヨトウ	トウモロコシ
ハチ目：コマユバチ科	カリヤコマユバチ	アワヨトウ	トウモロコシ
ハチ目：コマユバチ科	アオムシコマユバチ	モンシロチョウ	キャベツ，イヌガラシ
ハチ目：コマユバチ科	コナガコマユバチ	コナガ，モンシロチョウ	キャベツ，ダイコン，イヌガラシ
ハチ目：コマユバチ科	オオタバコガコマユバチ	オオタバコガ	ワタ
ハチ目：アブラバチ科	エルビアブラバチ	エンドウヒゲナガアブラムシ	ソラマメ
ハチ目：ヒメコバチ科	イサエアヒメコバチ	マメハモグリバエ	マメ類
ハエ目：ヤドリバエ科	ブランコヤドリバエ	アワヨトウ	トウモロコシ

（塩尻ら（2002）より抜粋）

表3.3 捕食性昆虫・ダニ類の利用する植物由来 HIPV が確認された例

目 ： 科	捕食者	餌動物	由来植物
ダニ目：カブリダニ科	チリカブリダニ	ナミハダニ	リママメ，インゲンマメ，キュウリ，トマト，ガーベラ
ダニ目：カブリダニ科	ケナガカブリダニ	ナミハダニ	インゲンマメ
ダニ目：カブリダニ科	イチレツカブリダニ	リンゴハダニ，リンゴサビダニ	リンゴ
ダニ目：カブリダニ科	ミヤコカブリダニ	Mononychellus progresivus	キャッサバ
アザミウマ目：アザミウマ科	ハダニアザミウマ	ナミハダニ	リママメ
カメムシ目：ハナカメムシ科	ハナカメムシ	ナミハダニ，ミカンキイロアザミウマ	キュウリ
甲虫目：テントウムシ科	ナナホシテントウ	アブラムシ	オオムギ

（塩尻ら（2002）より抜粋）

ジャスモン酸の生産を引き起こすのである．

c．シグナル伝達

一般に，植物は植食者に摂食されると直接防御機能が働く．つまり，これ以上食われまいとして摂食阻害物質などの生産を始めたり，傷口の修復を行うわけである．この過程で，植物ホルモンの一種であるジャスモン酸がシグナル伝達物質として関わっていることが知られている．最近の研究では，HIPV の生産にもこのジャスモン酸が関与していることがわかってきた．例えば，リママメの葉にジャスモン酸溶液を処理すると，ナミハダニに食害されたときと共通成分の HIPV が放出される．ジャスモン酸以外にもサリチル酸，エチレンなどがシグナル伝達に関わっているとされている．

d．HIPV と特異性

ある植食者が植物を摂食すれば，あるブレンドの HIPV が誘導・生産されるが，別の植物を食べればその成分も変化する．そしてその誘引性も変化することが報告されている．また，品種の違い，栽培種か野生種か，植物の齢期によっても同様に変化するようである．シロイチモジヨトウに，あるワタの品種を摂食させた実験では，普通の栽培品種より野生に近い品種の方が HIPV を多く生産するという報告がある．また，ナミハダニが摂食している若い葉は，古い葉と比べてより多くのチリカブリダニを誘引するという．植物にとっては若い葉が重要であり，より敏感に植食者の摂食に反応して誘導を行い天敵を誘引するのは十分うなずける．

同種の植物を異なる植食者が摂食する場合，それぞれの捕食寄生者（あるいは捕食者）は自分の寄主（あるいは餌）がいる植物を区別できるか？ この疑問は，HIPV は単なる天敵誘引物質ではなく，摂食中の寄主の天敵を植物が特異的に誘引できるかどうかという重要な問題を含んでいる．コナガコマユバチはコナガの寄生蜂であるが，寄主でないモンシロチョウ幼虫が食害したキャベツとコナガが食害したキャベツを区別して後者を選択するという．また，エルビアブラバチは，寄主であるエンドウヒゲナガアブラムシが加害するソラマメと非寄主であるマメクロアブラムシが加害するソラマメを区別し，前者を選択することが風洞実験から確かめられている．

e．産卵による HIPV の誘導

寄主幼虫の食害によって，植物が誘導を受け，寄生蜂を誘引する物質を出す

例はよく知られているが，寄主昆虫の産卵による誘導防衛もいくつかの例で知られている．ヒメコバチ科の卵寄生蜂 *Oomyzus gallerucae* は，ニレ科のヨーロッパニレを食害するハムシ *Xanthogaleruca luteola* 成虫による傷と産卵の組み合わせに誘引される．また，マツノクロホシハバチを寄主とするヒメコバチ科の卵寄生蜂 *Chrysonotomyia ruforum* は，やはり寄主成虫の機械傷と産卵との組み合わせに誘引される．エリシターとなるのは輸卵管由来の物質であった．タマゴバチ科の寄生蜂 *Trichogramma brassicae* は，オオモンシロチョウの産卵を受けた芽キャベツ上で探索行動に変化がみられるという．このように，寄主昆虫の産卵に対して植物が反応し，寄生蜂を誘引する誘導物質を出し始めることから，寄主幼虫のみならず寄主卵によっても HIPV が誘導されることがわかる．

f. 寄生バエの例

ブランコヤドリバエ *Exorista japonica* は多くのチョウ目幼虫を寄主とするヤドリバエ科の寄生バエである．風洞を用いた室内実験から，本種雌成虫は寄主アワヨトウの食害するトウモロコシに誘引されることがわかった．この飛翔反応は，加害を受けて初めて誘導される葉から放出される物質により誘引される．本種の場合，比較的遠距離からは寄主の加害している植物からの匂い，そして植物に接近してからは植物の色，植物上に降り立ってからは寄主糞や寄主の形や動きなどの視覚刺激が産卵行動までの手がかりとなることがわかってきた．

○○ 3.2.3 カイロモン，シノモンの応用 ○○

アメリカ合衆国農務省の研究グループにより，1970 年代後半から 1980 年代の前半にかけて，タマゴヤドリコバチ科の *Trichogramma* 属を中心とした天敵の行動制御による害虫防除の検討がなされた．これはカイロモンを含む資材を圃場に散布することで，野外の天敵の行動を活発にして生物的防除の効果向上をねらうものであった．しかし，どのような条件下でもカイロモン処理が寄生蜂による寄生率増加につながるとは限らず，この研究はこの後継続されていない．

植物へのジャスモン酸処理により HIPV の放出が引き起こされることはすでに述べたが，野外においてジャスモン酸をトマトに処理してヒメバチ科の *Hyposoter exiguae* によるシロイチモジヨトウの寄生率が上昇することが報告

されている．また，別の例では野生のタバコに対してジャスモン酸メチルを処理したところ，HIPV が増加し，捕食率が上昇したとされている．

京都大学高林研究室を中心とした研究グループは，HIPV の化学分析からコナガサムライコマユバチの誘引剤を開発し，これを用いたハウス栽培ミズナの生物的防除を行っている．土着の天敵をハウス内に誘引して定着させる試みである．有効な誘引剤であれば，土着の天敵，放飼天敵の行動を制御して最適な場所での害虫管理が可能になるであろう．

作物育種の分野においても，今まで考慮されなかった HIPV の生産という面から育種を行うことにより，害虫の食害を受けてもその天敵が集まりやすい作物を作出することが可能になる．当然のことながら，HIPV の誘導に関わる遺伝子を導入することにより，より食害に敏感に反応し多くの HIPV を生産する作物も作出されてよいだろう． 〔戒能洋一〕

■引用文献

Sabelis, M. W. and H. E. van de Baan (1983) Location of distant spider mite colonies phytoseiid predators: Demonstration of specific kairomones emitted by *Tetranychus urticae* and *Panonychus ulmi. Entomol. Exp. Appl.* 33: 303-314.

塩尻かおり，前田太郎，有村源一郎，小澤理香，下田武志，高林純示 (2002) 植物-植食者-天敵相互作用系における植物情報化学物質の機能．応動昆 46: 117-133.

高林純示 (1997) 植物-害虫-天敵間の化学情報—天敵利用の新技術開発に向けて—（特集：天敵昆虫で作物をまもる）．遺伝 51: 38-43.

Turlings, T. C. J., J. H. Tumlinson and W. J. Lewis (1990) Exploitation of herbivore-induced plant odors by host-seeking parasitic wasps. *Science* 250: 1251-1253.

吉永直子・森 直樹 (2007) 植物に抵抗性を誘導する鱗翅目幼虫エリシター Volicitin —その生合成と生物間相互作用における役割—．化学と生物 45: 411-418.

3.3 寄生蜂の学習

寄生蜂の成虫は寄主，餌，交尾相手などの探索，発見，認知の過程で化学的刺激あるいは色・形・大きさなどの物理的刺激などを手がかりとして利用しているが，それらの刺激の利用に学習が重要な役割を果たしていることが最近の研究でわかってきた．

寄生蜂の学習について述べる前に，まず，簡単に学習について定義してお

く.厳密な定義はむずかしいが,以下の条件を満たす現象が学習と考えられている.①行動がある経験に伴って変化すること.ただし,たまたま起こる再現性のない行動変化は学習に含まない.②経験に伴う行動の変化は永久に持続せず,経験が繰り返されない,別の経験をする,変化した行動が損失を伴う場合には消失すること.

学習には連合学習(associative learning)と非連合学習(non-associative learning)がある.連合学習とは,二つ以上の刺激あるいは一つの刺激と一つの反射を結び付ける学習である.連合学習は,報酬あるいは罰と結び付いた刺激に対して正の反応(positive response)か負の反応(negative response)を引き起こすが,寄生蜂の研究のほとんどは前者を扱っている.一方,非連合学習とは,特定の刺激と結び付かない学習であり,鋭敏化(sensitization)や慣れ(habituation)がある.特定の刺激を経験したのちその刺激と関連のない反応が強まるのが鋭敏化であり,繰り返し遭遇する刺激に対し,反応の強度が弱まり,ついには反応がほとんど起こらなくなる場合が慣れである.

3.3.1 寄生蜂における学習の役割

Thrope and Jones (1937) は,内部寄生蜂コクガヤドリチビアメバチ *Venturia canescens* の雌自身が幼虫期に育った寄主と同じ種を好むことを発見し,寄主種の選好性に学習が関与することを初めて示唆した.以来,ハチが寄主選択,餌探索,交尾相手の探索の手がかりとなる化学的あるいは物理的刺激を学習することがわかってきた.

3.3.2 寄主の生息場所の探索における学習

寄主の生息場所を探索するときの手がかりとなる匂いを学習することは,多くの植食性昆虫の幼虫寄生蜂で知られている.寄生蜂による寄主の餌植物由来の匂いの学習は,成虫期以前に起こる場合と成虫期に起こる場合がある.

成虫期以前に起こる学習とは,寄主に寄生中の幼虫や蛹の時期に寄主内部の匂いなどを学習し,羽化後雌が学習した匂いなどに対する選好性を発達させるというものである.この考えは,Thrope and Jones (1937) がコクガヤドリチビアメバチの結果に基づき提案したもので,植食性昆虫の成虫の餌植物選好性を幼虫期の学習により説明するホプキンスの寄主選択原理と同じである.しか

し，寄生した寄主の物質はハチの成虫自身の体や羽化場所に残っている場合が多く，それを羽化後にハチが学習するとする説（化学物質残留仮説，chemical legacy hypothesis）が提案され，寄生蜂は幼虫や蛹時に学習するのではなく，羽化後に学習すると考えられるようになった．例えば，幼虫時に寄生した寄主の餌植物の匂いを好むコマユバチ *Bracon demolitor* では，蛹の時期に繭を取り除く実験により，羽化直後に自身が脱出した繭に付着している寄主の糞や植物の匂いを学習し，その匂いを好むようになることが証明された．しかし，最近，Gandolfi ら（2003）は，マイマイガ幼虫の外部寄生蜂ヒメコバチ *Hyssopus pallidus* が幼虫期に寄主と匂いを連合学習することを示唆する結果を発表した．

幼虫寄生蜂の雌が寄主に加害された植物の匂いを学習し，寄主やその生息場所を探索することは多くの種で知られている．例えば，幼虫寄生蜂のコマユバチ *Cotesia marginiventris* は寄主に食害された植物の匂いに弱い選好性をもつ

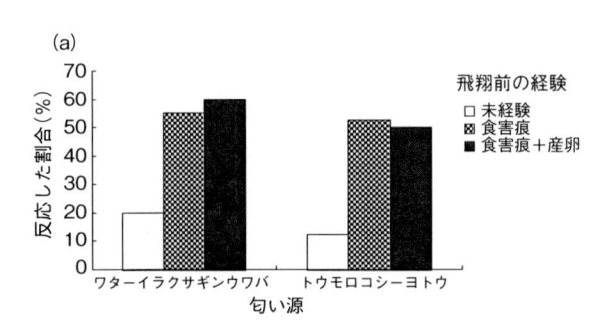

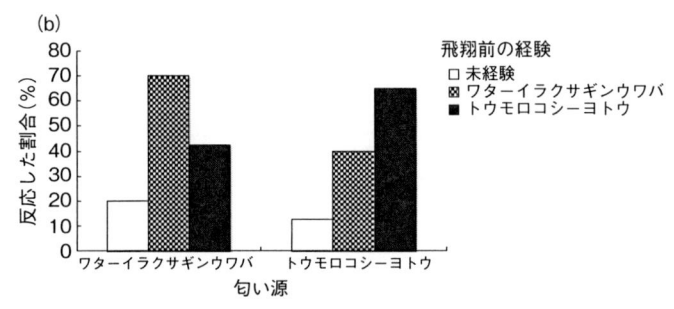

図 3.5 寄主や食害痕の経験が匂いの選好性に及ぼす影響（Turling *et al.*, 1989 を改変）
 (a) 飛翔前に経験した寄主と植物の組み合わせの匂いに対応する反応．

が，一度植物上にある寄主の食痕部を探索するか，そこで寄主に産卵すると，その植物の匂いを非常に強く好むようになる（図3.5a）．さらに，特定の植物種と寄主種の組み合わせから放出される匂いの構成成分や構成比が異なるため，ハチは特定の植物と寄主の組み合わせを経験すると，その寄主と植物の組み合わせの匂いを好むようになる（図3.5b）．

　寄主あるいは寄主産物との経験後の反応の増加は，連合学習によることが幼虫寄生蜂オオタバコガコマユバチ *Microplitis croceipes* で証明された．このハチは羽化後寄主の食害痕や糞を経験しなければ風洞内で糞の匂いにほとんど反応しない．しかし，触角で寄主の糞に触ると，糞に含まれる寄主特異的な揮発性物質（13-メチルヘントリアコンタン）が刺激となって触角で糞をなで回す行動をとる（図3.6）．その後，ハチは経験した糞の匂いを好むようになる．これは，糞を触る間，糞中に含まれる寄主由来の非揮発性物質が非条件刺激（unconditional stimulus；US），植物由来の揮発性物質が条件刺激（conditional stimulus；CS）となる連合学習が起こり，後者への反応（条件反応，conditional response；CR）が発達した結果である．また，CSは寄主の餌植物の匂いである必要はなく，ハチが生得的に好まない匂い（例えば，バニラ）でも糞と同時に経験させると，ハチはその匂いを学習する．

　このように一部の幼虫寄生蜂では糞や寄主の食害痕など寄主の産物と匂いの経験だけで連合学習が成立するが，連合学習が成立するには寄主への産卵が必

図3.6 寄主糞を触角で触るオオタバコガコマユバチ

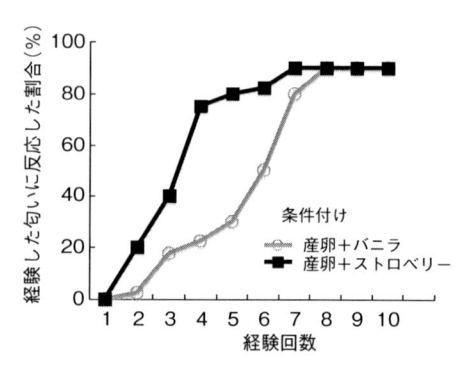

図3.7 クロハラヒラタヒメバチの寄主と匂いの連合学習における学習曲線（Iizuka and Takasu, 1998 から改変）．

要な種も多い．蛹寄生蜂クロハラヒラタヒメバチ Pimpla luctuosa は匂いを付けた紙で包んだ寄主に産卵させるとその匂いを学習するが，学習が成立するためには最低数回の産卵を必要とする（図3.7）．

連合学習だけでなく，鋭敏化も寄主の生息場所探索に関与している．幼虫寄生蜂ヒメバチ Completis sonorensis は植物の匂いがなくても寄主へ産卵すると，鋭敏化により寄主が加害した餌植物の匂いに強く反応する．

3.3.3 寄主探索における学習

寄主生息場所内での近距離の寄主探索にも寄生蜂は化学的刺激の学習を利用する．ショウジョウバエの幼虫寄生蜂ヤドリタマバチ Leptopilina boulardi は，寄主が加害中の果物のなかに産卵管を挿入してなかの寄主を発見する．ハチが寒天中の寄主に産卵しているときに匂いを与えると，その匂いと寄主と連合学習する．その後，学習した匂いに対しハチは寒天に産卵管を挿入して反応する．

寄主の生息場所での滞在時間には，寄主と結び付いた刺激の学習およびその記憶が影響するが，逆に探索と産卵を続けることで利用可能な寄主が枯渇するため，寄主の枯渇による負の経験も影響する．Waage（1978）のパッチ滞在時間の研究では，ハチは最初カイロモンに反応し寄主のいるパッチを探索するが，もはや未寄生寄主がなくなるとパッチから出ていく．これは，報酬が得られない経験を繰り返した結果，「慣れ」が起こり，カイロモンに対する反応が消失したものと考えられる．

寄主が食害した植物から出る匂いを使って寄主を探索する幼虫寄生蜂と異なり，卵寄生蜂や蛹寄生蜂は寄主の生息場所由来の信頼できる化学情報は少なく，中・長距離の生息場所探索に学習を利用している可能性は低い．しかし，卵寄生蜂や蛹寄生蜂は，近距離での寄主探索に学習を利用している．戒能らは，卵-幼虫寄生蜂ハマキコウラコマユバチ Ascogaster reticulatus が寄主と植物成分を連合学習することを実験で証明した．ろ紙に植物成分を直線的に塗ると，学習蜂は反応し，その成分に沿って歩きながら寄主探索を行う．匂いに対する選好性はふつう風洞やオルファクトメーターで調べられるが，近距離の探索では風上の匂い源に向かう以外の方法で化学刺激に反応している可能性がある．その場合，戒能らが行ったようなハチの行動に応じた実験法の工夫が必要

である.

寄生蜂の近距離の寄主探索には視覚刺激も重要である.蛹寄生蜂ヒメバチ *Itoplectis conquisitor* は,寄主を包んだ紙チューブの色・直径・長さを,幼虫寄生蜂フシダカヒメバチ *Exeristes roborator* は球形や円柱形のスチロールなど人工の寄主の生息場所を寄主と連合学習する.

3.3.4 寄主の認識における学習

マイマイガの蛹寄生蜂アシブトコバチ *Brachymeria intermedia* は,本来の寄主でない種の蛹に寄主の体液を付けるとそれに産卵し,その後,その蛹に産卵するようになる.これは,寄主の体液 (US) と非寄主 (CS) の連合学習であると考えられる.

3.3.5 寄主への産卵

寄主に遭遇後寄主認識と産卵に時間をかける卵や蛹の寄生蜂では,寄主への産卵を経験すると寄主認識から産卵に至る行動パターンが変化し,産卵に要する時間が短縮することが報告されている.タマゴヤドリコバチでは,産卵未経験時に比べ,産卵後,ドラミングによる寄主認識,寄主卵殻の穿孔,産卵管挿入などに要する時間が短縮する.

3.3.6 餌探索における学習

synovigenic 寄生蜂*にとって成虫の餌は寿命や卵巣の成熟に重要であるため,寄主探索と同様に餌も効率的に探索する必要があり,餌の探索にも学習が重要な役割を果たしている可能性が高い.例えば,オオタバコガコマユバチの雌雄は,砂糖水 (US) と匂い (CS) を同時に与えると,砂糖と匂いを連合学習し,匂いの選好が発達する.キョウソヤドリコバチでは,雌は砂糖水と色を連合学習するが,雄は学習しない.

---

*synovigenic(逐次成熟性)の昆虫は,羽化後に逐次卵が形成される.一方,proovigenic(斉一成熟性)の昆虫は,すべての卵が羽化時に形成されている.

3.3.7 寄主探索と餌探索の切り替え

　synovigenic 寄生蜂の雌成虫は，寄主と餌という異なる二つの資源を探索するが，寄主と餌が異なる場所に存在する場合それらをどのように探索するのかは寄生蜂の繁殖戦略上で重要な問題である．高須らは，寄主探索と餌探索の切り替えに学習と生理的要求が影響することをオオタバコガコマユバチで室内および野外実験により証明した．風洞を用いた室内実験で，寄主とある匂い，餌と別の匂いを経験させると雌はその両方の匂いを学習すること，両方の匂いを学習した雌は空腹のときには餌の匂いを，満腹になると寄主の匂いを選ぶことを明らかにした（図3.8）．また，複数の寄主と餌を設置した風洞および野外囲場では，寄主と餌の両方を学習したハチは，空腹のときあまり飛翔せず，口器を植物表面にあてながら植物上を歩き回る典型的な餌探索を，満腹になると食害痕から別の食害痕へと飛翔で移動する典型的な寄主探索を行った．これら

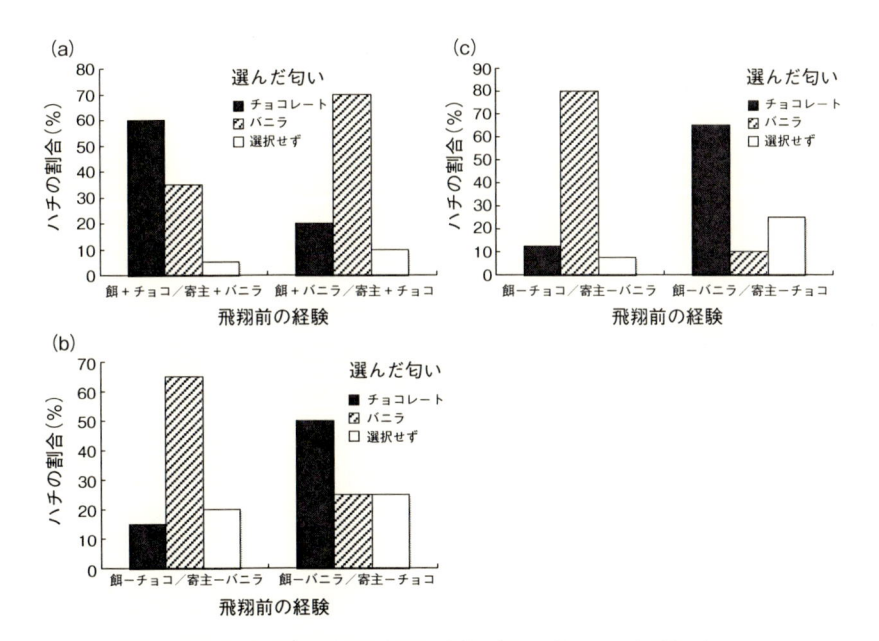

図3.8 オオタバコガコマユバチの学習と生理的状態が匂い選好に及ぼす影響（Lewis and Takasu, 1990）
a：空腹の雌に条件付けし，直後に匂いの選好を調べた．b：満腹の雌に条件付けし，直後に匂いの選好を調べた．c：空腹の雌に条件づけした後，餌を与えて満腹にした後匂いの選好を調べた．

の結果は，寄生蜂が高い学習能力をもち，環境情報と自身の生理的情報に応じてリアルタイムに探索の意思決定を行っていることを示している．

3.3.8 寄生蜂雄の学習

寄生蜂の雄は，前述の雄による餌と匂いや色の連合学習に加え，交尾相手の探索にも学習を利用している．例えば，アブラムシの寄生蜂コマユバチ *Aphidius ervi* は未交尾雌とバニラの匂いを同時に与えると，その匂いを好むようになる．また，キョウソヤドリコバチの雄は雌と色とを連合学習する．雄の交尾相手探索に関する研究は少ないが，多様な生息場所から雌雄が羽化する場合，学習を利用して雄が発見度や信頼度の高い手がかりを利用して雌を探索することは予想される．

3.3.9 学習と記憶の機構

寄生蜂の学習および記憶の生理学的機構はほとんど研究されていない．しかし，学習した情報の記憶がその後の経験でどのように保持，消去，あるいは上書きされるのかは行動学的研究から推測できる．例えば，オオタバコガコマユバチでは，糞との経験で寄主と匂いの連合学習が成立するが，その学習した糞や植物の匂いへの反応は数時間で消失する（図3.9a）．しかし，糞に接触直後（5分以内）に産卵すると学習した匂いに対する反応は1日以上持続する（図3.9b）．また，学習した匂いを利用した結果，寄主がいない場所に何度も遭遇した，あるいは本来の寄主でない昆虫に誤って産卵した場合は，学習した匂いに対する反応は消失する．昆虫や動物では学習した情報はいったん短期記憶に保存されるが，重要でない情報は短時間に消去され，報酬（罰）と直結した重要な情報だけが長期記憶に保存され継続して利用される．同様に，ハチにも短期記憶と長期記憶があり，糞の経験により学習した匂いの記憶はいったん短期記憶に保存され，直後に寄主を発見，産卵した場合にのみ長期記憶に転送されるものと推察される．糞との遭遇で得た情報は必ずしも寄主の発見を保証するものでなく，寄主の発見に直結した手がかりだけが長期間保存されるのである．幼虫寄生蜂 *Leptopilina boulardi* でも，1回の寄主への産卵と匂いの経験で学習した匂いの情報は短期記憶に，複数回の産卵経験で長期記憶に保存される可能性が示されている．

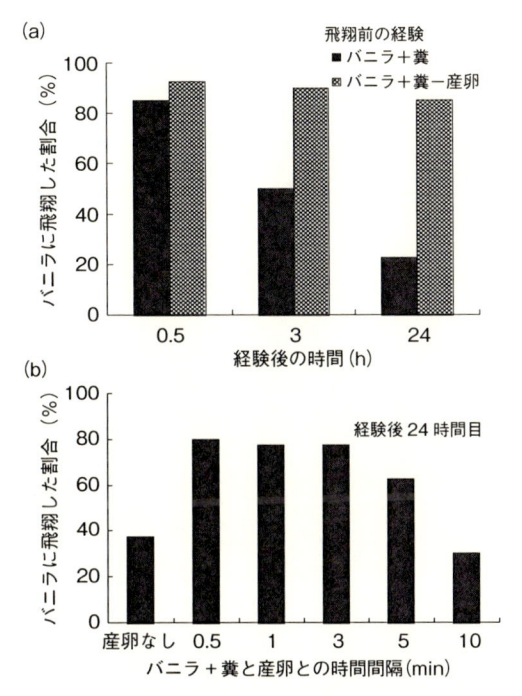

図 3.9 オオタバコガコマユバチの経験が学習反応の持続時間に及ぼす影響（Takasu and Lewis（2003）を改変）
a：糞と匂いの条件付け直後の産卵が匂いへの選好に及ぼす影響．b：糞と匂いと産卵との時間間隔が24時間後の匂いの反応に及ぼす影響．

3.3.10 寄生蜂の学習能力の進化

　寄生蜂の連合学習は，ツヤヤドリタマバチ，ヒメバチ，コマユバチ，ヒメコバチ，コガネコバチ，ツヤコバチ，クロタマゴバチ，タマゴヤドリコバチなどさまざまな科に属する30種以上の種で報告されている．寄生蜂の学習能力の進化は，寄主範囲，寄主の生息環境，利用する手がかりの信頼度や発見度，世代間あるいは世代内での利用可能な寄主数の予測可能性などハチの生態的要因との関係で議論されてきたが，寄生蜂の学習能力の進化と生態的要因との相関を示唆する結果はまだ得られていない．ミツバチや他の社会性昆虫などの膜翅目昆虫でも嗅覚および視覚刺激の学習能力が高いことを考えると，寄生蜂の学習能力は祖先種から受け継いだ前適応である可能性が高い．唯一連合学習能力

がないと結論された寄生蜂はズイムシ類の内部寄生蜂 *Cotesia flavipes* である．proovigenic で寿命が短く，生涯寄生可能数がきわめて少ないこのハチでは，学習し行動を変化させる利点はなく，学習能力が消失したのかもしれない．

3.3.11　寄生蜂の学習能力の応用

生物的防除における寄生蜂の機能向上に学習能力を利用できる可能性がある．寄生蜂の大量増殖では，防除対象とは異なる代替作物，人工飼料あるいは代替寄主を利用することが多いが，その場合羽化した成虫は，対象作物や対象害虫に対する情報をもたないか，逆に代替作物や飼料，代替寄主への選好性をもつため，圃場での定着率や探索，寄生などの効率が低下する可能性がある．また，防除対象の作物や寄主で飼育しても，羽化後学習する種では，放飼前にはまだ寄主の手がかりを学習していないため，うまく定着しない可能性がある．そのような場合，放飼前に防除対象の作物や害虫を与えて産卵経験させ，寄主探索に必要な手がかりを学習させる，あるいは，放飼場所付近の対象作物上に寄主を置き，放飼蜂に産卵させ作物を学習させることで圃場への定着や寄生効率が高まる可能性もある．また，ハチを放飼する圃場に学習しやすい匂い，寄主や成虫の餌の設置が，寄生蜂の圃場への滞在を延ばし，結果的に寄生率が上昇した例もある．

最近，寄生蜂が寄主や寄主の餌植物とは無縁の匂い，例えば爆薬や麻薬の匂

表3.4　寄生蜂が無関係の匂いを寄主あるいは餌と連合学習する例

種	学習した匂い	非条件刺激	文献
Bracon mellitor	メチルパラセプト	寄主	Vinson *et al.* (1977)
コクガヤドリチビアメバチ	ゲラニオール	寄主	Arthur (1971)
クロハラヒラタヒメバチ	バニラ，ストロベリー	寄主または餌	Iizuka and Takasu, (1998, 1999)
Leptopilina boulardi	香水	寄主	De Jong and Kaiser (1991)
オオタバコガコマユバチ	バニラ，チョコレート，オレンジ，マリファナ，アフラトキシン産生菌，2,4-ジニトロトルエン，シクロヘキサノン，安息香酸ベンゼン，脂肪族アルコール類，アルデヒド類	寄主または餌	Lewis and Takasu (1990) Takasu and Lewis (1996) Meiner *et al.* (2002) Olson *et al.* (2003) Tomberlin *et al* (2005) Takasu *et al.* (2007)

いでも寄主や餌と連合学習することがわかり（表3.4），爆薬や麻薬探知など現場での低濃度の匂いの探知が必要な場面で利用できる可能性が示唆されている． 〔髙須啓志〕

■引用文献

Arthur, A. P. (1971) Associate learning by *Nemeritis canescens*. *Canadian Entomologist* 103：1137-1141.
De Jong, R. and L. Kaiser (1991) Odor learning by *Leptopilina boulardi*, a specialist parasitoid (Hymenoptera：Eucoilidae). *Journal of Insect Behavior* 4：743-750.
Gandolfi, M., L. Mattiacci and S. Dorn (2003) Preimaginal learning determines adult response to chemical stimuli in a parasitic wasp. *Proceedings of the Royal Society of London*, B270：2623-2629.
Iizuka, T. and K. Takasu (1998) Olfactory associative learning of the pupal parasitoid *Pimpla luctuosa* Smith (Hymenoptera：Ichneumonidae). *Journal of Insect Behavior* 11：743-760.
Iizuka, T. and K. Takasu (1999) Balancing between host-and food-foraging in the host-feeding pupal parasitoid *Pimpla luctuosa* Smith (Hymenoptera：Ichneumonidae). *Entomological Science* 2：67-73.
Meiners, T., F. L. Wäckers and W. J. Lewis (2002) The effect of molecular structure on olfactory discrimination by the parasitoid *Microplitis croceipes*. *Chemical Senses* 27：811-816.
Olson, D. M., G. C. Rains, T. Meiners, K. Takasu, M. Tertuliano, J. H. Tumlinson, F. L. Wäckers and W. J. Lewis (2003) Parasitic wasps learn and report diverse chemicals with unique conditionable behaviors. *Chemical Senses* 28：545-549.
Takasu, K. and W. J. Lewis (1990) Use of learned odours by a parasitic wasp in accordance with host and food needs. *Nature* 348：635-636.
Takasu, K. and W. J. Lewis (1996) The role of learning in adult food location by the larval parasitoid, *Microplitis croceipes* (Hymenoptera：Braconidae). *Journal of Insect Behavior* 9：265-281
Takasu, K. and W. J. Lewis (2003) Learning of host searching cues by the larval parasitoid *Microplitis croceipes*. *Entomologia Experimentalis et Applicata* 108：77-86.
Takasu, K., G. C. Rains and W. J. Lewis (2007) Comparison of detection ability of learned odors between males and females in the larval parasitoid *Microplitis croceipes*. *Entomologia Experimentalis et Applicata* 122：247-251.
Thorpe, W. H. and F. G. W. Jones (1937) Olfactory conditioning in a parasitic insect and its relation to the problem of host selection. *Proceedings of the Royal Society*. B124：56-81
Tumberlin, J. K., M. Tertuliano, G. Rains, and W. J. Lewis, (2005) Conditioned *Microplitis croceipes* Cresson (Hymenoptera：Braconidae) detect and respond to 2,4-DNT：De-

velopment of a biological sensor. *Journal of Forensic Science.* **50**：1187-1190.
Turlings, T. C. J., J. H., Tumlinson W. J. Lewis, and L. E. M. Vet (1989) Beneficial arthropod behavior mediated by airborne semiochemicals. VIII. Learning of host-related odors induced by a brief contact experience with host by-productes in *Cotesia marginiventris* (Cresson), a generalist larval parasitoid. *Journal of Insect Behavior* **2**：217-225.
Vinson, S. B., C. S. Barfield, and R. D. Henson, (1977) Oviposition behaviour of *Bracon mellitor*, a parasitoid of the boll weevil (*Anthonomus grandis*). II. Associative learning. *Physiological Entomology* **2**：157-164.
Waage, J. K. (1979) Foraging for patchily-distributed hosts by the parasitoid, *Nemeritis canescens. Journal of Animal Ecology* **48**：353-371.

3.4 寄生蜂による寄主制御

　ここまでの章で寄主発見から寄主容認（host recognition）を経て産卵に至るまでのさまざまな要因や過程を述べてきたが，さらに寄生成功に至るまでには，産卵後のハチの卵や幼虫が成育するための寄主適合（host suitability）といわれる段階がある．寄主の生理的状態が発育に適合していなければ発育できず寄生は成功しない．寄主と寄生者は，お互いに競争的関係にあるため，寄主には寄生から逃れようとするような生理的変化が選択されやすく，寄生者では寄主の生理的変化に対応できるような選択が働く．行動的な逃避や生態的な要因による寄主の寄生回避も当然見られるが，寄主適合は生理的な寄主範囲（host range）（3.1.2参照）を決定している．寄主適合は，寄主の生理状態との関係で2つに分けられる．従来の「寄生」という概念のように寄主の生理状態に合わせて発育する場合を寄主制約（host constraints）といい，寄生蜂がもつさまざまな要因を使うことで寄主の生理状態を卵や幼虫の発育にとって都合のいいような生理状態に寄主を調節する寄主制御（host regulation）がある．
　ここでは，飼い殺し捕食寄生者（koinobiont）のなかで外部寄生者と内部寄生者が行っている寄主制御の巧妙さを紹介する．

3.4.1 外部捕食寄生の巧妙さ

　外部捕食寄生者とは，たとえばガの幼虫などの外側に寄生して，養分を外から吸って育つタイプである．つまり寄生された寄主は，寄生されたときから背中に寄生蜂の卵を背負って正常に餌を食べて生活するが，外側に寄生するハチ

は，寄主から捨てられないような工夫をしている．

a. 産卵場所

このタイプは産卵する場所が大切で，寄主が口でかみついたり体をねじって押しつける行動などで排除できないような場所に，さまざまなキーを使ってたどり着き産卵する（図3.10）．

非常に慎重に卵を生む場所を決めて，寄主の特定の場所の皮膚に杭のようなもので固定する（図3.11）．

寄主の背中で杭のようなものに固定された状態で，ときどき口を寄主の皮膚に差し込んで体液を吸って育つ．雌バチは，産卵時にまず毒液を寄主の体内に注入する．毒液中に存在するさまざまな酵素の作用によって，寄主の脂肪体がゆっくりと崩壊を引き起こすことで脂肪粒やタンパク質の体液中の濃度が上昇

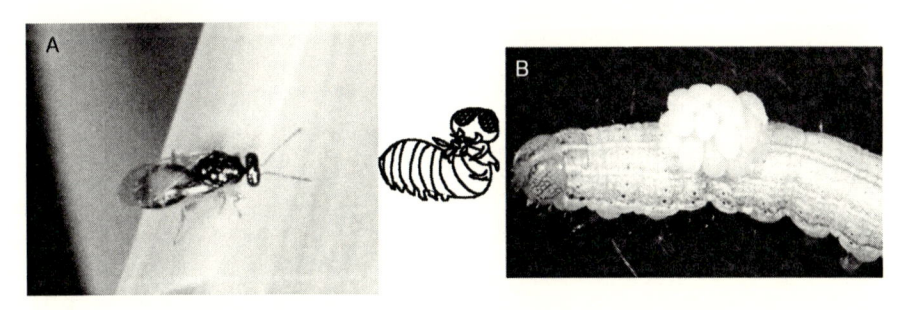

図3.10 A：アワヨトウウスマユヒメコバチ，B：産卵する場所（寄主の攻撃を受けにくいところを選んで産卵する）

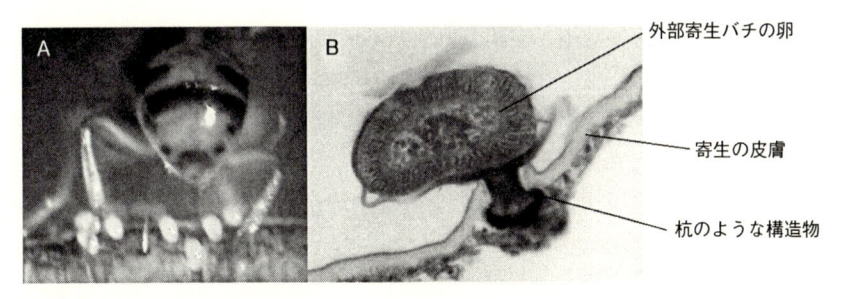

図3.11
A：非常に慎重に卵を生む場所を決めた後に，寄主の皮膚上に卵を産んでいるところ．卵はゆっくりと産卵管を伝わって降りてきて，寄主の皮膚上に固定される．B：卵は寄主の皮膚を突き抜けた杭のようなもので固定されている．雌バチが卵を産み落とす前に寄主の皮膚上に作る．その上に卵を産んでくっつける．

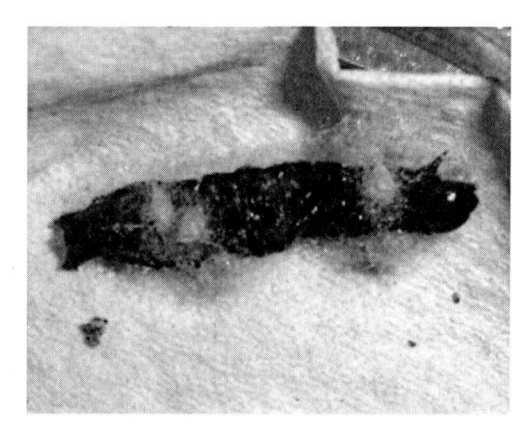

図3.12 寄主は体液を全部吸い取られて，しぼんだ風船のように平らになる．寄主の下で糸をはいて繭を作る．

し富栄養状態になる．脂肪体から放出された脂肪粒は，血球によって捕捉されることで体液中を浮遊できる．この体液を外側から吸ってハチ幼虫は育つ．

ハチの幼虫は蛹になる前に，この杭から自分から外れ寄主の体の下に潜り込む．下に潜り込んでいくときに，寄主の内部を唾液中のトリプシン様酵素で全部溶かしジュースのようにして，下にもぐり込んだ後に中身を全部吸い取る．中身がほとんどなくなり平べったくなって外側のクチクラが残りハチの蛹をおおう（図3.12）．

b．寄主の脱皮阻止

外部に寄生するハチにとってもう一つ大事なことは，寄主の脱皮を阻止することである．昆虫は，すべて外側がクチクラにおおわれていることから大きくなるために脱皮を繰り返すので，寄主の皮膚の外側に産み付けられたハチの卵は，寄主が脱皮したら古い皮とともに捨てられてしまう．寄生時に注入する毒液は，完全に寄主の脱皮を抑制する．この仕組みはまだよくわかっていないが，ヤガ科に属するシロスジヨトウと外部寄生蜂である *Eulophus pennicornis* の毒液では，前胸腺からの脱皮ホルモンの分泌抑制が終前齢と終齢*で違った作用によって起こっていることが報告されている（Edward *et al.*, 2001, 2006）．

---

* 終齢とは幼虫期の最後の齢のこと．終齢の一つ前の齢を終前齢という．

◯◯ **3.4.2 内部捕食寄生の巧妙さ** ◯◯

　内部寄生は，体内に侵入することで直接的に環境の変化を受けずにすむようになる．栄養液のなかに浸っているようなものなので，体液を餌として体表と口から摂取することができるが，寄主が健康すぎると寄主からの生体防御反応を受けて発育できない．また体内で育った寄生蜂の幼虫たちは，最終的に中から外に出る必要がある．寄主の堅いクチクラを中から破って出なければならないが，完全に出るまでは寄主は生きていなければならないなど多くの問題をもつ．どのように解決しているのだろうか．

　このハチに寄生された寄主は，寄生後しばらくはまるで寄生されていないかのように育つ（3.1節参照）．正常に脱皮も繰り返すので，寄生時よりもかなり大きくなる．最初の元金よりもずいぶん利子がついてたくさんお金が使えて楽に生活できるということなのだろうか．このタイプのハチは，一番高度に寄主を制御するタイプで一番寄主との結び付き，つまり寄主特異性が高いタイプである．

　内部に卵を生み付けるハチが最初に解決しなければならない問題は，昆虫のもつ生体防御を回避することである．昆虫類は体内に入ってくる細菌や寄生虫など外敵に対してわれわれと同じように生体防御システムをもっている．

a．生体防御システムとその回避機構

1）昆虫のもつ生体防御システム　　チョウ目昆虫の幼虫は，おおよそ5種類くらいの形態的に違った血球をもっているが，特に顆粒細胞とプラズマ細胞が異物認識や生体防御システムに関わるとされている．体の中に侵入してきたもの（異物）に対して血球が食べたり（食作用，phagocytosis），取り囲んだり（包囲作用，encapsulation）する細胞性防御システム（細胞性免疫）と，体液中に含まれる菌などを壊す抗菌物質を生産したり，メラニンを形成し異物を囲むなどによる液性防御システム（液性免疫）がある．昆虫は，人のような非常に複雑で高度な防御システムはもっていない．例えば人の場合なら自分以外のものはすべて排除できるほどかなり正確だが，昆虫では同じ種類ならば臓器移植は可能になる．例えばモンシロチョウ幼虫の精巣などの臓器を同じモンシロチョウの幼虫ならばどの個体に移植しても異物として判断されずに防御システムが働かない．ただし昆虫の種類が違えば異物と認識されて排除される．しかし，細胞性防御システムと液性防御システムは，決して独立に働くもので

はなく関連性をもって作用している．

2) 血球による異物の大きさに対する反応の違い

i) 食作用　　細菌など血球より小さい異物は，顆粒細胞やプラズマ細胞による貪食作用により処理される．細胞の表面に存在するパターン認識受容体に細菌などの表面に存在する多糖類などが結合すると貪食され，シグナル伝達系を介してNF-kBなどの転写因子が活性化，遺伝子発現を経て，細胞内でライソゾームの働きを受け分解吸収されるとされている（図3.13）．

ii) ノジュール形成　　侵入した細菌などが多い場合は，食作用も起こるがそれだけでは間に合わず，異物に反応した顆粒細胞から放出された物質により捕らえられ，さらにインテグリンなどの細胞接着因子の作用で細胞同士の接着も起こり，壊れた細胞や細菌の塊としてメラニン化を伴い処理される．

iii) 包囲作用　　血球より大きい寄生虫などの異物に対しては周りを顆粒細胞やプラズマ細胞が取り囲む．町にやってきた悪者を一人ではどうしようもな

図3.13　食作用：細胞骨格が変化して細胞膜が細菌などを包み込むように伸展する

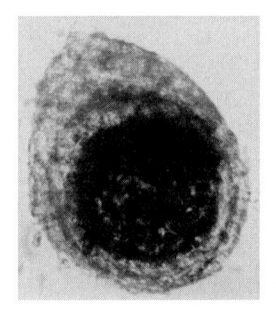

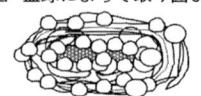

図3.14　包囲作用

いのでたくさんの仲間で取り囲んで取り押さえるといった反応である．包囲化された異物は，多くの場合フェノール酸化酵素によって形成されたメラニンで包まれている．しかし，ショウジョウバエでフェノール酸化酵素が働かないミュータントでも寄生蜂の卵が包囲作用を受けることが報告されていることから，液性防御システムと細胞性防御システムの関連性は単純ではない（図3.14）．

3) **生体防御システムの回避**　寄生蜂はガの幼虫とは全く違う仲間であるから，異物として排除されない方がおかしい．うまいすり抜け方とはいったいどんな方法なのだろうか．

i) 雌バチが産卵時に寄主体内に注入する因子　ヒメバチ上科に属するヒメバチ科とコマユバチ科のハチは6万種以上もいてほとんどが内部寄生性であるとされている．産卵に際して卵と一緒にポリドナウイルスと毒液を寄主の体内に注入する（4.2.1参照）．ポリドナウイルスは，内部寄生蜂では寄主特異性を決定する最初の重要な因子で，このウイルスの作用によって特定の寄主に寄生できるかどうかが決められている．一方，ヒメバチ科に比べコマユバチ科に属する寄生蜂は毒腺が発達し，毒液もポリドナウイルスの寄主細胞への侵入を助けたりすることで寄主制御に重要な働きをもつ．

ii) ポリドナウイルス（Polydnavirus；PDV）　卵巣のカリックス細胞がポリドナウイルスを生産する（図3.15，図3.16）．PDVの遺伝子は，ハチのゲノムのなかにあり，切り出されて環状DNAの形になり，多くのセグメントを形成する．ウイルスDNAを抽出し，制限酵素で切らずにそのまま電気泳動すると，多くのセグメントに分かれているのがわかる．寄生蜂によってこのセグメントの数も違っている．

PDVは，カリックス細胞内でウイルスの形態をとり，貯卵嚢内（図3.16）に放出される．貯卵嚢内の卵とともに寄主体内に注入される．ヒメバチ科のPDVはイクノウイルス（Ichnovirus；IV），コマユバチ科のPDVはブラコウイルス（Bracovirus；BV）と呼ばれている．IVは二重の単位膜に囲まれて，カリックス細胞から出芽形式で出てくる．一方BVは，一重の単位膜からできたDNAコアをいくつかもったウイルス（コアの数は種によって違っている）で，カリックス細胞内で形成後に細胞が壊れて貯卵嚢内にいっぺんに出る．PDVをもった内部寄生蜂が進化してきたのはおおよそ7000万年前だと見積も

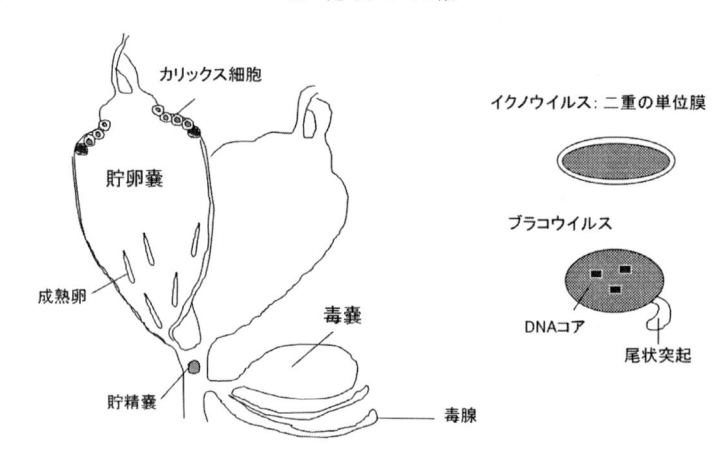

図 3.15 卵巣の模式図：卵巣の上部の方のカリックス部といわれる部域の細胞が
ポリドナウイルスを生産する．ヒメバチ科のハチがイクノウイルスを，
コマユバチ科ではブラコウイルスをもつ．模式図はコマユバチ科の卵巣．

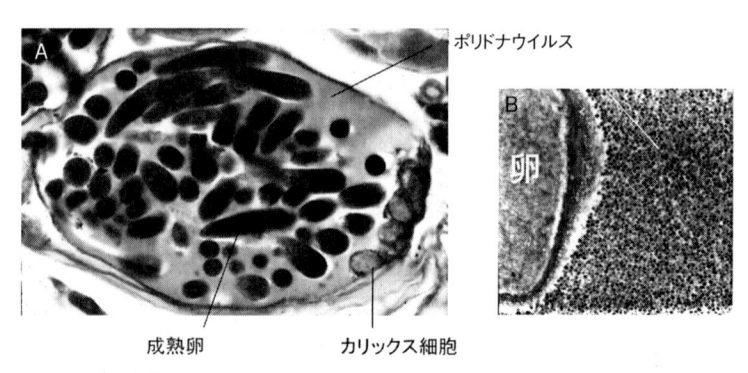

図 3.16 A：卵巣の切片．黒く染まっているのが卵．右側の端にカリックス細胞が三
つ見える．その中および卵の周りが灰色（実際は青く）染まっている．これ
は核酸が染まっていることを表す．B：左側に存在する卵の周りにたくさんの
ウイルス粒子がえる．産卵時に卵とともに寄主体内に入る

られている（図 3.15）．

　産卵時に注入された PDV は，寄主体内の細胞，例えば血球や脂肪体などに
侵入して，その遺伝子が発現して寄主細胞の生理状態を変える．寄主細胞内で
増殖はしないというウイルスで，寄生蜂の卵や幼虫の発育を助けるために働く
（田中，1998）．最近のポリドナウイルスの研究で，いくつかの寄生蜂のもつ

IVとBVでゲノムがほとんど解読され，共通した遺伝子をいくつか保存していることもわかってきた．例えば，繰り返し配列が多く存在することやcysteine motifをもつこと，細胞結合に関与するinnexin配列が存在すること，何種類かのチロシンホスファターゼ（細胞接着や細胞内のシグナル伝達に関与）がコードされていることやIkB（自然免疫で働くNF-kB転写因子を抑制する因子）としてankyrinが多くの寄生蜂で見つかっていて，寄主の免疫機構を抑制する重要な働きをしていると考えられている（Schmidt et al., 2001, Webb et al., 2006, Falabella et al., 2007）．しかし，まだ寄生後も寄生蜂の卵のみが異物として認識できないなどの事象を説明するには至っていない．

iii）毒　液　　毒腺で生産され毒嚢にためられている．卵は寄主に注入される直前に毒液と混ぜられるために毒液で表面をおおわれている．卵表面に存在する毒液は，血球によって異物として認識されないようにする働きがあると考えられている．また，ポリドナウイルスの寄主細胞への侵入を助ける働きをもつ．さらにコマユバチ科の寄生蜂の毒液には，寄主の液性防御システムの活性化を阻害する成分や血球の伸展運動を阻害する成分が含まれているという報告がある（Nakamatsu et al., 2007）．

コマユバチ科のMeteorus属に分類されるハチの毒腺ではVLP（virus-like particle）が生産されていることがわかってきた．このハチの卵巣にはPDVを生産するカリックス細胞が見つかっていない．このVLPは単位膜で囲まれた粒子状構造をしていて，その中に核酸は存在しない．VLPは寄主の顆粒細胞を一時的に壊してしまう作用があるので，寄生時からの早期の免疫反応を抑制することができると考えられる．Meteonus属のハチはジェネラリストなので，顆粒細胞を壊し，その数を大幅に減少させてしまうという大胆なことをやることで，寄生可能な寄主範囲をかなり広くしていると考えられる．マダラメイガに寄生するコクガヤドリチビアメバチもこのようなVLPをもっているが，卵巣のカリックス細胞で組み立てられ，PDVと同様に貯卵嚢内に放出される（Rotheram, 1973）．VLPを構成するタンパク質もいくつか解析され，寄主の生体防御システムから卵を保護すると考えられている（Feddersen et al., 1986, Kinuthia et al., 1999）．

iv）テラトサイト　　多くのコマユバチ科，カイガラムシに寄生するハラビロヤドリバチ科，クロタマゴバチ科の寄生蜂の漿膜から発生する独立した細胞

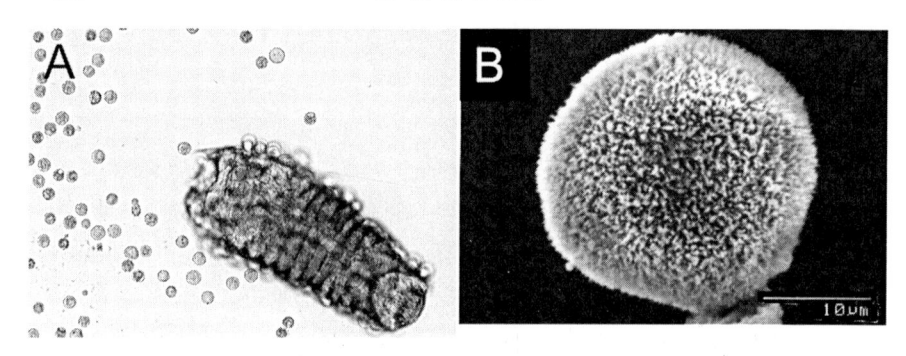

図 3.17 A：幼虫が卵殻を破ってでてきたところ（産卵後 3.5 日目）で周りにテラトサイトが分散している．B：産卵後 4 日目のテラトサイトの表面．

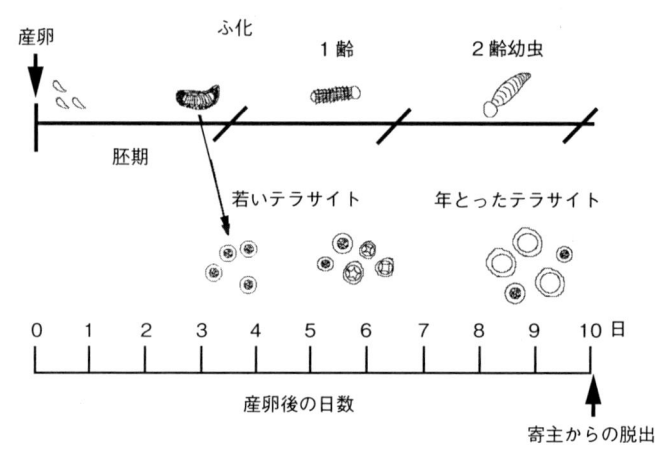

図 3.18 テラトサイトの発生
ステージによって違ったタンパク質を生産している．

で幼虫とともに寄主体腔中に存在する．ヒメバチ科の内部寄生蜂ではテラトサイトは発達しない．

寄生蜂の幼虫は，ふ化時にポリドナウイルスと毒液によってできた環境をさらに自分の発育にとって都合のよい環境として維持するためにテラトサイトと呼ばれる自分の分身を寄主体内に放出する（図 3.17, 3.18）．

v) 防御反応の抑制　　体内の寄生蜂幼虫が異物として排除されないように寄主の防御システムを制御することも働きの一つとしてあげられる．幼虫のみを PDV と毒液によってコンディショニングした寄主に注入してもうまく育た

ない.しかしテラトサイトと一緒に注入すると元気に育って出てくる.それは特に1齢から2齢への脱皮がうまくいかないことが示されている.脱皮時に新しい皮膚表面に変わることから,テラトサイトがないと寄主体内でハチ幼虫が異物として認識されてしまうのだろうか.

b. 寄主の幼虫期の維持

チョウ目幼虫は,成虫になって子孫を残すための必要な養分を幼虫期に脂肪体に蓄える.せっせとガやチョウの幼虫が作物の葉や根茎を食べている理由である.脂肪やタンパク質,糖として幼虫期に脂肪体に蓄えられた養分は,蛹の時期に成虫器官を作ったりするために再編成され利用される.蛹化に向かう過程は,幼虫寄生蜂の利用できる養分が寄主に使われてしまうことになるために,蛹化を抑制することで防いでいると考えられる.チョウ目幼虫の脂肪体は,表皮細胞のすぐそばにある皮下脂肪体と消化管の周りに大きな貯蔵庫として体腔中につり下げられている内臓脂肪体とがある.チョウ目幼虫は,蛹になる前に大量の餌を食べ続けるので体液中にはかなり多くの養分が存在することになる.寄生されていない寄主では,どんどん食料庫に運び込まれ成虫化のための養分として蓄えられている.寄生された寄主では成長が抑制されるため摂食量も減るが,体内への養分の取り込み効率は少し上昇するため,不足分はある程度補われる.寄生した寄主を幼虫の状態のままにしておくこと,つまり蛹化させないことは幼虫寄生蜂にとって重要なことである.チョウ目幼虫は通常蛹化に向かって前胸腺刺激ホルモン(prothoracicotropic hormone;PTTH)の作用を受け,前胸腺が活性化することで脱皮ホルモンが出て蛹化する.しかし,寄生された寄主では,PTTHの放出抑制が起こるか,また出たとしてもPTTHの刺激が受け取れないために前胸腺が活性化しない可能性が示されている.また同時に幼若ホルモンエステラーゼ(juvenile hormone esterase;JHE)の活性が抑制されていることで,体液中の幼若ホルモン(juvenile hormone;JH)が分解されず高く維持されるために,幼虫期が持続することも示されている.またハチ幼虫自身からJHが放出されていることでも,高いJH値を保持している可能性がある.さらにハチ幼虫自身によっても,前胸腺の脱皮ホルモンの生産が抑制されているという報告もある.

1) 不足分を補うテラトサイト　PDVと毒液さらにテラトサイトを同時に人工的に注入すると幼虫期間の延長が起こる.PDVと毒液だけでは数日し

か幼虫期が延長しないことから，テラトサイトにも PDV と同じ遺伝子が存在している可能性が考えられている．テラトサイトから分泌されているタンパク（TSP14）が，JHE の減少を引き起こし，JH を高い値に保つことで幼虫期の延長を行っている可能性も示されている．

2) **幼虫が餌をとるためのテラトサイトの手助け**　幼虫は養分を摂取しなければ育たないが，寄主は麻酔されたり殺されたりしている状態ではないので，無差別に組織をかじられたりしたのでは，寄主もひどいダメージを受けて死んでしまい，元も子もなくなる．

幼虫の餌とはいったいなんであろうか？　養分を多く含んだ体液はもちろんだが，それ以外に養分をたくさん蓄えているものは脂肪体という組織である．脂肪は，食べ物としてはかなりエネルギー量の高い食べ物である．われわれも余ったエネルギーは脂肪体に蓄えられ，足らないときは脂肪体から血液中に養分が供給されている．寄生された寄主では，寄生蜂幼虫に使われて体液中の養

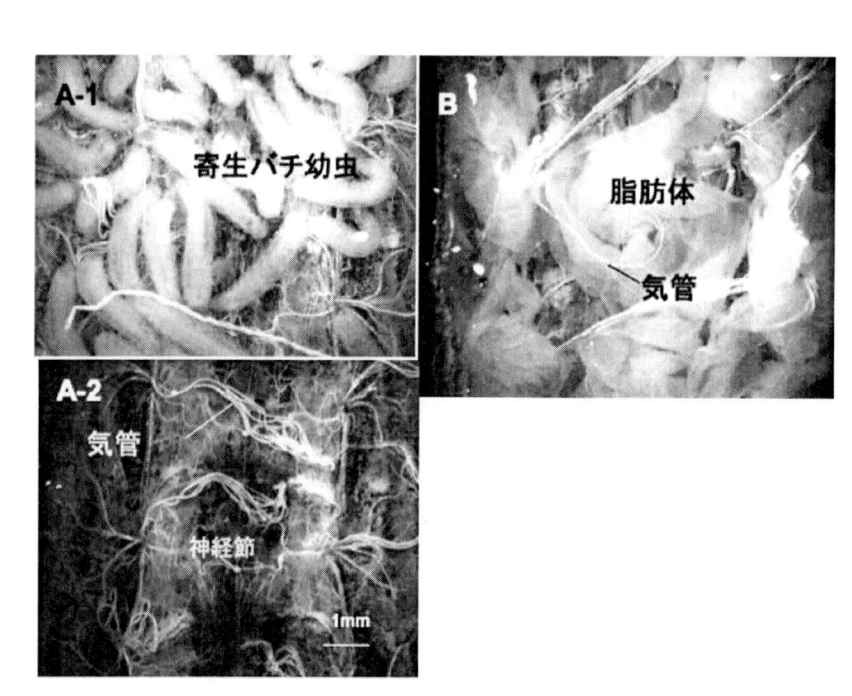

図 3.19　A-1：寄生蜂が寄主の脂肪体をすべて食べてしまったところ．A-2：ハチをすべて取り除いたところ，B：寄生されていない発達した脂肪体

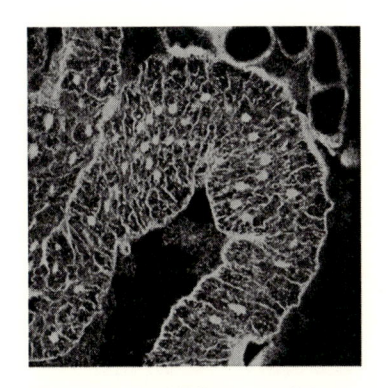

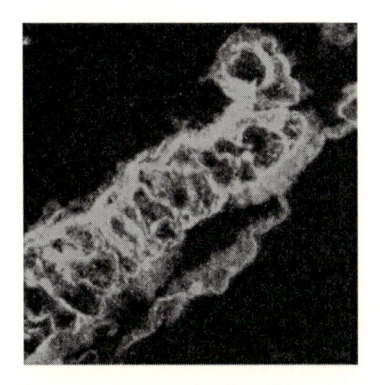

図 3.20 A：細胞骨格がしっかりしているコントロール，B：PDV と毒液の作用により壊れた細胞骨格．寄主の脂肪体の切片像，脂肪細胞内の細胞骨格がこわれ中身がでた状態

分が不足することで，脂肪体から貯蔵過程の逆の流れが起こっていると従来考えられていたが，脂肪体の細胞間結合を弱め，脂肪細胞の中身を体液中に出すことで直接幼虫が食べられるようにテラトサイトが助けていることがわかってきた（図 3.19，3.20）（Tanaka *et al.*, 2006）．

体のなかにあるさまざまな組織は，細胞の間を細胞間マトリックスでおおわれ，そう簡単にはバラバラにならないようになっている．テラトサイトは脂肪体の表面を取り囲んでいるマトリックスを分解するために脂肪体に付着し，局所的に脂肪体膜を溶かすことで中身を体液中に流出しやすくし，幼虫はその内容物を食べるという方法をとっている．PDV の作用で脂肪体の組織表面が変化していることや，脂肪体細胞の細胞骨格が壊れ，脂肪粒などの中身が出やすくなっていることが脂肪体の崩壊に必要となる．

別の寄主・寄生蜂においては，テラトサイトがハチ幼虫の餌として機能するという報告もある．寄主の体液中の養分を奪って，テラトサイト自身が育ち大きくなることで養分の貯蔵所として働き，最後に幼虫に食べられるということである．

c. 脱出時の巧妙さ

寄主の体内で育った幼虫は，寄主の体内から出てこなければならない．何の工夫もなく寄主の皮膚をなかから食い破って出てきたりとすると寄主があばれたり，寄主体内の血液が漏れ出て，寄生蜂幼虫は繭が作れなかったりする．た

くさんの卵が寄主に産み込まれたとして，幼虫が全員いっせいに出なくてバラバラに寄主から脱出したとしたら，取り残された幼虫はどうなるのだろうか．

どのようにして寄主の中から脱出してくるのだろうか．アワヨトウに寄生する多寄生蜂カリヤコマユバチでは，脱出の波は寄主の体後方から前の方に伝わっていく．

寄生蜂の幼虫が寄主から脱出してくるときは，ほとんど動かずに脱出が完了するのを待つ．この時期に寄主体内にいる幼虫は寄主の皮膚に対して直角の向きになり，お互いの2齢の古い皮膚を口から出した糖タンパク質でくっつけて寄主の皮膚を切って外へ出る際の足場とする．お互いの皮膚が結合していることで刺激が伝わり同時に出てこられるようである．

脱出後寄主は移動して前に進むので，繭をさらに紡いでそれぞれの個体を取り囲む個繭を完成させる．脱出時に開けた穴は，一直線に裂け目を入れるだけで決して大きな穴は開けない．直線的な裂け目は，幼虫が出た後はふさがってしまい脱出口は目立たない．脱出時に3齢に脱皮し脱皮ガラをその脱出口に残してくることでその穴が塞がれ，体液の流出を防いでいる．ここまで巧妙な脱出方法をとらず寄主に大きな穴を開けて出てくる種もいるので理由は謎である．寄生蜂によっては，脱出後の寄主行動を制御し，ハチの繭をカメムシや二次寄生蜂などから守っていることも報告されている． 〔田中利治〕

■参考文献

Edward, J. P., H. A. Bell, N. Audsley, G. C. Marris, A. Kirkbride-Smith, G. Bryning, C. Frisco and M. Cusson (2006) The ectoparasitic wasp Eulophus pennicornis (Hymenoptera: Eulophidae) uses instar-specific endocrine disruption strategies to suppress the development of its host Lacanobia oleracea (Lepidoptera: Noctuidae). *J. Insect Physiol.* **52**: 1153-1162.

Falabella, P., P. Varricchio, B. Provost, E. Espagne, R. Ferrarese, A. Grimaldi, M. de Eguileor, G. Fimiani, M. V. Ursini, C. Malva, J. Drezen and F. Pennacchio (2007) Characterization of the IkB-like gene family in polydnaviruses associated with wasps belonging to different Braconid subfamilies. *J. Gen. Virol.* **88**: 92-104.

Feddersen, I., K. Sander and O. Schmidt (1986) Virus-like particles with host protein-like antigenic determinants protect an insect parasitoid from encapsulation. *Experimentia* **42**: 1278-1281.

Kinuthia, W., D. Li, O. Schmidt and U. Theopold (1999) Is the surface of endoparasitic wasp eggs and larvae covered by a limited coagulation reaction? *J. Insect Physiol.* **45**: 501-506.

Nakamatsu, Y., M. Suzuki, J. A. Harvey and T. Tanaka (2007) Regulation of the host nutritional milieu by ecto-and endparasitoid venom. In *Recent Advances in the Biochemistry, toxicity, and mode of action of parasitic wasp venoms* (Rivers D. and J. Yoder ed.), Research Signpost, Kerala, India, pp. 37-55.

Rotheram, S. (1973) The Surface of the Egg of a Parasitic Insect. I. The surface of the egg and first-instar larva of Nemeritis. *Proc. R. Soc. Lond.* **B183**：179-194

Schmidt, O., U. Theopold and M. Strand (2001) Innate immunity and its evation and suppression by hymenopteran endoparasitoids. *BioEssays* **23**：344-351.

Tanaka, T., Y. Nakamatsu and J. A. Harvey (2006) Strategies during larval development of hymenopteran parasitoids in ensuring a suitable food resource. *Proc. Arthropod. Embry. Soc. Jp* **41**：11-19.

田中利治（1998）ポリドナウイルスー幼虫寄生蜂の共生者．植物防疫 **52**(11)：499-504

Webb, B. A., M. R. Strand, S. E. Dickey, M. H. Beck, R. S. Hilgarth, W. E. Barney, K. Kadash, J. A. Kroemer, K. G. Lindstrom, W. Rattanadechakul, K. S. Shelby, H. Thoetkiattikul, M. W. Turnbull and R. A. Witherell (2006) Polydnavirus genomes reflect their dual roles as mutualists and pathogens. *Virology* **347**：160-174.

3.5 捕食者の行動と生態

3.5.1 生物的防除に用いられる捕食者

　害虫の天敵として知られる捕食者が属する分類群は幅広く，昆虫やダニなどの節足動物から哺乳類，鳥類，軟体動物まで多岐にわたる．脊椎動物と無脊椎動物では，体サイズや移動範囲，食性幅といった特性が大きく異なる．一般に脊椎動物は広範囲を移動する能力をもち，対象とする餌種が多岐にわたるだけでなく周囲の環境に応じて餌種を変える能力に優れる．このため，一定の防除効果が得られた場合であっても，資源をめぐる競争や捕食，交雑により，防除対象でない生物への悪影響が懸念されている．ハブやネズミの防除に導入されたマングースがニワトリのような家畜を襲い害獣化した例や，カの防除のために導入されたカダヤシ（*Gambusia affinis*，小型の魚）の在来魚に対する悪影響に関する報告があり，脊椎動物の導入には特に慎重な対応が必要と考えられている．

　多様な捕食者のなかでも，節足動物に属する捕食者の生物的防除への利用の歴史は長く，古代中国でカンキツ害虫の防除に利用されたツムギアリ（2.1節 b 項 1）参照）に始まり，イセリアカイガラムシの生物的防除におけるベダリ

アテントウの劇的な成功は近代的な生物的防除の幕開けに大きく貢献した．現在も多くの捕食性昆虫が生物的防除に利用されており，主要な分類群として，テントウムシ科，ハナアブ科，ハナカメムシ科，タマバエ科，ヒメカゲロウ科，カブリダニ科などがあげられる（表3.5）．捕食性昆虫はさまざまな分類群に所属し，これらのほかにも多くの科が存在する（Hagen *et al.*, 1999）．

本節では捕食性昆虫を中心にその行動や生態，特に，餌の発見過程，採餌行動に及ぼす諸要因，そして天敵としての捕食者の利用に関連深い種内・種間相互作用について概説する．

3.5.2 捕食性昆虫の生物学的特性

捕食性昆虫の多くは多食性であり，単食性の捕食性昆虫は少ないが，有名な例として，前述のベダリアテントウが知られている．カメムシ亜目などに属する不完全変態の捕食者は一定の幼虫期を経て成虫になるのに対し，テントウムシ科などに属する完全変態の場合は幼虫期と蛹期を経由して成虫になる．

捕食性昆虫は，捕食可能な餌の種や発育段階があまり限定されない．親が産卵した場所でふ化した幼虫は自分で餌を探し，発育に必要な多くの餌を獲得しなくてはならない．これらの点は，寄生可能な寄主の発育段階が限られ，発育過程で1頭の寄主しか利用しない捕食寄生者と異なる特徴である．ハエ目やヒメカゲロウ類のように，幼虫期は捕食者として他の昆虫を捕食し，成虫期には花粉や甘露などしか摂取しないグループもあるが，テントウムシやカメムシ，カブリダニなど多くの場合で幼虫，成虫ともに捕食者として生活する．通常，成虫期が捕食性の場合，雌雄ともに動物性の餌を捕食し，この点も，雌成虫だけが，植食者を攻撃する捕食寄生者と大きく異なる点である．

3.5.3 餌の探索過程

捕食者が餌を発見するまでの過程は，寄生蜂の寄主発見（3.2節，3.4節参照）とおおむね同様で，餌の生息場所への定位（habitat location），餌パッチへの定位（patch location），餌への定位（prey location），餌の捕獲（prey capture）という段階に分けることができるであろう．餌の生息場所とは，捕食者の餌となる植食者が生活を行う場所のことであり，多くの場合，寄主植物がそれにあたる．パッチ（patch）とは，Hassell（1978）の定義によれば，捕

食者が採餌を行う空間的な単位のことである．しかし，この定義は抽象的であるため，Bell (1991) は，周囲に餌がないか，ほとんどない場所に囲まれた餌が多く存在する場所という定義を提案した．具体的には，植物体やその構成要素である枝，葉に餌が集中して存在する場合，これらの場所は捕食者にとっての餌パッチとみなされ，研究の目的や材料により比較的自由にこの言葉は用いられる．

　餌の生息場所，餌パッチ，餌，それぞれに対する定位において，捕食者は異なる手がかりを利用して捕食に至ると考えられている．植食者の生息場所への定位には，化学的な手がかりが重要で，餌の寄主植物の匂いに捕食者が誘引されることが知られている．餌の寄主植物を発見することができても，そこに餌が存在するとは限らず，餌パッチ（餌が集中して存在する植物体や部位など）に定位する手段として，植食者誘導性植物揮発性物質（herbivore-induced plant volatiles；HIPV，以下，被害植物の匂い）の利用が報告されている（3.2.2参照）．捕食者としては，チリカブリダニやヒメハナカメムシ類，ナナホシテントウなどが被害植物の匂いに誘引される．被害植物の匂い以外にも，アブラムシやカイガラムシの甘露，餌の脱皮殻や糞，摂食跡なども餌パッチに定位する重要な手がかりになる．餌パッチあるいは餌への定位に関して重要な捕食者の行動に，地域集中型探索（area-restricted search）がある．この行動は，餌由来の手がかりや餌との遭遇後，歩行速度が下がり，その付近を集中的に探索する行動のことで，テントウムシ類などで報告されている．餌へ定位する際の重要な手がかりとして，ゴミムシやクモなどで視覚的な刺激，テントウムシの幼虫のように視覚があまり発達していないものでは餌と接触時の化学的または物理的な刺激があげられる．

　最近の研究で，捕食者が餌探索の際にマーキング物質を植物上に残し，この物質と再び遭遇することで自分がすでに探索した場所を認識し，その場所での探索を避けることがヒメハナカメムシの１種ではじめて報告され，採餌効率の上昇に関与する行動と考えられている．また，寄生蜂でよく研究されている学習については，捕食者でほとんど研究がない．このような捕食者による情報化学物質の利用や行動の可塑性に関する研究は，捕食者の餌パッチや，餌の発見過程の理解において今後の大きな課題である．

　餌の捕獲の成功率に関与する要因として，捕食者と餌の相対的なサイズや餌

表3.5 主要な捕食性節足動物の分類群とそれらの餌となる主な害虫

目または亜目	科	主要な属	主要な餌となる害虫
コウチュウ目 (Coleoptera)	テントウムシ科 Coccinellidae	*Coccinella, Harmonia**	アブラムシ
	ハネカクシ科 Staphylinidae	*Oligota*	ハダニ
	オサムシ科 Carabidae	*Calosoma, Agonum*	チョウ目幼虫，アブラムシ
カメムシ亜目 (Heteroptera)	ハナカメムシ科 Anthocoridae	*Orius**	アザミウマ，ハダニなど
	ナガカメムシ科 Lygaeidae	*Piocoris*	アブラムシ，ハダニなど
	カスミカメムシ科 Miridae	*Cyrtorrhinus*	ウンカなど
ハエ目 (Diptera)	ハナアブ科 Syrphidae		アブラムシ
	タマバエ科 Cecidomyiidae	*Aphidoletes**	アブラムシ
アミメカゲロウ目 (Neuroptera)	クサカゲロウ科 Chrysopidae	*Chrysoperla**	アブラムシ
ハチ目 (Hymenoptera)	スズメバチ科 Vespidae	*Polistes*	チョウ目幼虫など
ダニ目 (Acarina)	カブリダニ科 Phytoseiidae	*Phytoseiulus** *Amblyseius**	ハダニ
クモ目 (Araneae)	コモリグモ科 Lycosidae	*Pirata, Pardosa*	ウンカなど

*日本で販売されている捕食性天敵の属．

による捕食回避と防衛があげられる．一般的には，餌よりも捕食者の体サイズが大きいが，カメムシ科の捕食者などでは，集団摂食や毒の注入により，同サイズ以上の餌を捕食することもある．餌による捕食回避には，歩行や飛翔，落下などによるもの，餌による防衛には，体表の毛や硬い表皮，隠蔽的な色彩，植物からの毒物質の獲得などがある．このような餌の捕食回避や防衛能力に対する捕食者の対応は種によって異なるため，生物的防除の効果に影響する要因になると考えられる．

3.5.4 種内および種間相互作用

これまで述べてきた餌と捕食者間の相互作用以外にも，捕食者の生存と繁殖に大きく関わるものがある．ここでは，特にギルド内相互作用および植物と捕食者の相互作用について述べる．

a．ギルド内相互作用

ギルドとは，同一の資源を同じような様式で利用する生物のグループのことをいう．例えば，エンドウヒゲナガアブラムシを捕食するナナホシテントウやカメノコテントウといった咀嚼性の捕食者のグループは同じギルドといえる．多くの場合，この定義より広い意味でギルドという言葉が用いられ，利用様式

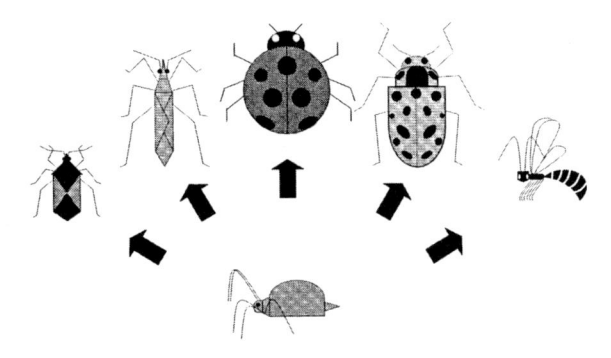

図 3.21 エンドウヒゲナガアブラムシ（下）を資源として利用する天敵昆虫類（上段）

上段左から，ヒメハナカメムシ類，ハネナガマキバサシガメ，ナナホシテントウ，ジュウサンホシテントウ，アブラバチ類．共通の餌または寄主を利用するこれらの天敵類をすべて同一ギルドと考える場合も多いが，アブラムシの利用様式別に独立したギルドとし，捕食性昆虫ギルドと捕食寄生者ギルドとする場合や，捕食者をさらに細かく分けて，捕食性カメムシを吸汁性捕食者ギルド，テントウムシ類を咀嚼性捕食者ギルドとする場合もある．

を問わず，単に同じ餌を利用するグループとする場合もある．この場合，エンドウヒゲナガアブラムシを利用するテントウムシ類，吸汁性の捕食者であるカメムシ類，捕食寄生性のアブラバチ類はすべて同一ギルドに属する（図3.21）．

同じギルドに属する個体間の関係には，①餌や生活空間といった資源をめぐる競争，②採餌行動などに対する干渉，③同じギルドに属する生物間の捕食がある．この同一ギルド内の捕食はギルド内捕食（intraguild predation）と呼ばれる．ギルド内捕食は，同種の個体間で起こる場合と異種間で起こるものに分類され，前者は共食い（cannibalism）と呼ばれる．ギルド内捕食をする者とされる者は，それぞれギルド内捕食者（intraguild predator）とギルド内餌（intraguild prey）と呼ばれ，それらが共通に利用する餌はギルド外餌（extraguild prey）と呼ばれる．

ギルド内捕食は，テントウムシ，クサカゲロウ，ヒメハナカメムシといった多くの捕食者間で起こるだけでなく，アブラバチが寄生したアブラムシをテントウムシが捕食することによって起こる捕食者と捕食寄生者間のギルド内捕食の報告もある．一般にギルド内捕食者とギルド内餌の関係は，それらの体サイ

ズや活動性により決定することが多い．体サイズが大きなものが小さなものを捕食し，活動性の低い発育段階（卵や蛹）や種が，ギルド内餌になる傾向にある．また，餌密度が低く捕食者の餌が不足した際に，共食いやギルド内捕食が起こりやすいと考えられる．このようにギルド内捕食における個体間の優劣はある程度予測できるが，作物上で複数種の天敵を利用する場合，それぞれの天敵種の空間的な分布に関する知見の集積や放飼時期の調節といったギルド内捕食の生じる程度を軽減するための工夫も効率的な防除のために必要であろう．

b. 植物と捕食者の相互作用

捕食者のなかには動物性の餌だけでなく，植物を餌として利用するものがある．このように異なる栄養段階に属する餌の利用は雑食（omnivory）と呼ばれる（前述のギルド内捕食も，ギルド内捕食者が捕食者と植食者という異なる栄養段階の生物を捕食するので雑食に含まれる）．植物由来の餌の摂食が捕食者の生存や繁殖に大きく影響することが知られている（2.3.2参照）．ハナカメムシ科やカスミカメムシ科に属する捕食性カメムシでは，動物性の餌（植食性昆虫）と植物性の餌（葉）を同時に与えた場合，動物性の餌だけを与えた場合に比べ，発育期間の短縮，幼虫の生存率の上昇，産卵数の増加がほとんどのケースで認められ，多くの場合で成虫の寿命も長くなる．また，花粉や蜜といった植物由来の餌もさまざまな捕食者の生存に有利に働くことが知られている．ハナアブの成虫では，花粉の摂食により，卵の成熟が促進されることや，麦畑の周辺にセリ科植物を帯状に栽植することにより，ハナアブ成虫の個体数が増加し，ムギを加害するアブラムシ密度が減少したという報告もある．このように，植物の摂食は，捕食者による生存や繁殖によい影響を与え，生物的防除の効果増強やそれを示唆する研究例は多い．しかしながら，開花期に圃場内やその周辺に花粉の存在が多くなると捕食者の分布が花に集中し，対象害虫に対するヒメハナカメムシの捕食数が少なくなることを示唆する報告もある．植物が捕食者の生存や繁殖に及ぼす影響について，個体レベルでの研究は蓄積されつつあるが，野外での捕食者個体数への影響や生物的防除の効果に及ぼす影響評価は今後の課題である．以上のように，植物の存在が発育や繁殖に重要な捕食者については，捕食性天敵と作物種の組み合わせ，天敵を利用する圃場やその周辺の構成植物種，大量増殖時に与える植物種などが重要になるであろう．

〔仲島義貴〕

■ 参考文献

Coll M. and M. Guershon (2002) Omnivory in terrestrial arthropods：Mixing plant and prey diets. *Ann. Rev. Entomol.* **47**：267-297.
Dixon, A. F. G. (1996) 捕食性テントウムシ類の性と体サイズおよび採餌戦略. 応動昆 **40**：185-190.
Dixon, A. F. G. (2000) *Insect Predator-prey Dynamics:Ladybird beetles and biological control.* Cambridge University Press, Cambridge. 257 pp.
Hagen, K. S., N. J. Mills, G. Gordh, and J. A. McMurtry (1999) Terrestrial arthropod predator of insect and mite pests. In *Handbook of Biological Control* (T. S. Bellows and T. W. Fisher eds.). Academic Press, San Diego, Calif., USA, pp. 383-503.
Hajek, A. (2004) Predators. In *Natural Enemies: An Introduction to Biological Control.* Cambridge University Press, Cambridge. 378 pp.
Hassell, M. P. and T. R. E. Southwood (1978) Foraging strategies of insects. Ann. *Rev. Ecol. Syst.* **9**：75-98.
中牟田 潔 (1988) 昆虫の餌探索行動. 植物防疫 **42**：492-497
塩尻かおり・前田太郎・有村源一郎・小澤理香・下田武志・高林純示 (2002) 植物-植食者-天敵相互作用系における植物情報化学物質の機能. 応動昆 **46**：117-133.
Nakashima, Y., M. Teshiba and Y. Hirose (2002) Flexible use of patch in marks an insect predator：effect of sex, hunger state and patch quality. *Eco. Entomol.* **27**：581-587.
安田弘法 (1996) 食物連鎖とギルド内捕食. 日本農薬学会誌 **21**：223-230.

3.6 捕食性昆虫の増殖

3.6.1 飼料の開発

　捕食性昆虫の飼料は，栄養要求性を満たすだけではなく，天敵利用の面から低コスト・低労力という条件を満たすことが要求される．飼料は，生餌（天然の餌あるいは代替餌）と天然物を含むいくつかの加工素材を利用した人工飼料に分けることができる．現在の捕食性天敵類の増殖においては前者が多いが，労力削減という立場から後者の開発も続けられている．チリカブリダニの増殖は天然の餌（ハダニ）を用いており，ハダニの寄主植物の栽培→ハダニの増殖→カブリダニの増殖という一連の作業をシステム化することにより大量増殖に成功している．この場合，寄主植物の状態とハダニ数とカブリダニ数のバランスを維持する必要があり，接種時期や接種密度，温度管理などが綿密に検討された．また寄主植物の栽培労力を軽減するために，果実や幼苗を用いて餌昆虫を増殖する方法も開発され，これは飼育スペースの縮小，天敵回収の簡便化な

どにも役立っている．例えばベダリアテントウの餌であるイセリアカイガラムシは，ミカンの幼苗やジャガイモの芽で増殖された．またカボチャの果実で増殖したコナカイガラムシを餌としたツマアカオオテントウの大量飼育などの実用例がある．

一方，天然の餌である昆虫が飼育しにくい場合は，飼育が容易でその昆虫の栄養条件を満たす昆虫が飼育され代替飼料とされる．最も多く用いられているのがバクガやスジコナマダラメイガなどガ類の卵・幼虫である．これらは貯穀害虫であり，穀物を餌として，しかも高密度で飼育でき，あまり労力をかけずに大量に生産できる．クサカゲロウの実用化が早く進んだ理由の一つにこの代替飼料の開発があげられる．ジャガイモガの幼虫と卵でクサカゲロウ科の一種である *Chrysopa californica* を飼育したのが最初とされ，その後多くのチョウ目やコウチュウ目などの卵や幼虫が代替飼料として試みられ，他のクサカゲロウやテントウムシ，ヒメハナカメムシの増殖にも応用されている．広食性のククメリスカブリダニに対しては，大量飼育が可能なコナダニが代替餌として使われている．このように天敵会社では種々の天然の餌や代替飼料の独自の増殖システムを開発しており，飼料の増殖がうまくいくかどうかが天敵生産の大きなポイントとなっている．

テントウムシやクサカゲロウの人工飼料の研究は古くからたくさんあり，花粉，イースト，カゼイン，ショ糖，ビタミンなど種々の素材を組み合わせた飼料が試みられ，累代飼育に成功しているものもある．なかでもミツバチ雄蜂児

図3.22　A：人工飼料を食べるヨツボシクサカゲロウ幼虫，B：ハクサイに寄生するモモアカアブラムシを捕食するチャバネヒメカゲロウの幼虫

の乾燥粉末は単体で16種のテントウムシ，8種のクサカゲロウ，2種のヒラタアブに有効であることが明らかにされている（図3.22）．

3.6.2 成虫の飼育と採卵法

増殖にはもととなる卵を大量に確保する必要がある．そのためには十分な栄養の供給，成虫休眠の回避のための日長・温度管理のほか，交尾条件が重要な要因である．産卵量は成虫時の栄養状態に大きく影響される．基本的に成虫の飼料は幼虫と同じであるが，成虫が肉食でないヒラタアブや一部のクサカゲロウ類の成虫はイーストや花粉，ハチミツで飼育されている．交尾条件に関しては，狭いケージ内で容易に交尾する種が多いが，ホソヒラタアブのように飛翔中に交尾する種に関しては条件を整える必要がある．光条件と飛翔スペースの改善は，ホソヒラタアブのケージ内の交尾を可能にした．また天敵の需要は季節性があり，需要の少ないときの成虫の維持も検討された．テントウムシ，クサカゲロウは成虫で数カ月の低温保存が可能である．

3.6.3 共食いの回避と幼虫の飼育システム化

幼虫の飼育法はその食性や生活習性によってさまざまで，種によって飼育の難易度が異なる．捕食性昆虫の際立った習性として共食性（共食い）がある．Ridgwayら（1970）は，クサカゲロウの幼虫を十分な代替飼料（ガの卵）の入った小さなカプセルに1匹ずつ封じ込め，共食いを完全に防ぎ，餌が不足しない限り全く手間がかからない飼育システムを考案し，この原理は実用化されている．またテントウムシ幼虫の飼育では飼育空間に緩衝材を入れ，幼虫同士の接触を少なくすることによって飼育効率が高まった（新島ら，2003）．飼育の省力化・低コスト化には人工飼料の利用，飼育の機械化，および貯蔵技術の開発が必要である．矢野（2003）は，飼育のユニットを小さくし，生産するユニット数の調整により，不安定な需要に対する生産量の調整を提案している．

3.6.4 増殖昆虫の品質管理

生物農薬として天敵が大量増殖されるようになると，その品質が問題視されるようになってきた．商品としての生存個体数はもちろん，捕食能力，性比，産卵数，寿命などがチェック項目としてあげられている．品質には飼育中の栄

養条件や物理的条件のほかに飼育集団のもつ遺伝的要素が関与する可能性があり，放飼効果への影響に加え生態系への遺伝的な影響も懸念される．増殖された天敵の遺伝的要素は，導入時の個体のもつ遺伝的要素のほか，遺伝的浮動，近親交配，飼育に適応した遺伝子の選抜など，飼育中に変化する可能性もある（Hopper *et al.*, 1993）．Mackauer（1976）は遺伝的な問題を回避するために，飼育開始時の集団サイズの拡大化や広範囲地域からの採集などを提唱している．グループ（系統）飼育とグループ間の循環交配システムや，長期間の累代回避あるいは，定期的な野外からの系統導入などの対策が考えられる．

3.6.5 今後の展望

わが国で現在天敵資材として市販されている捕食性昆虫の多くは外国で増殖されている．わが国での捕食性昆虫の増殖が遅れている理由としては，土着天敵の研究の遅れ，需要の伸び悩み，人件費などによる高い生産コストなどがあげられる．これらには，天敵利用のさらなる普及，人工飼料の開発や飼育システムの機械化などによる解決が望まれる．最近，日本企業による日本土着の天敵の生産が少しずつではあるが増える傾向にある．日本の条件にあった天敵昆虫が日本でますます生産されることを期待したい． 〔新島恵子〕

■参考文献

Anderson, T. E. and N. C. Leppla（eds.）（1992）*Advances in Insect Rearing for Research and Pest Management.* Westview Press, Boulder,USA. 519pp.

Cohen, A. C.（2004）Insect Diets. CRC Press, London. 324 pp.

Mackauer, M.（1976）Genetic problems in the production of biological control agents. *Annu. Rev. Entomol* **21**：369-385.

Ridgway, R. L. and S. B.Vision（eds.）（1977）*Biological Control by Augmentation of Natural enemies.* Plenum press, New York and London.

Singh, P. and R. R. Moore（eds.）（1985）*Handbook of Insect Rearing.* Vol. I & II, Elsevier Sci. Publ., Amsterdam. 488pp,514pp.

矢野栄二（2003）天敵―生態と利用技術―．養賢堂，東京，pp.126-178.

4. 昆虫病原微生物の戦略

4.1 昆虫病原細菌

　害虫防除におけるバイオロジカルコントロール資材として最も利用されている昆虫病原微生物は，*Bacillus thuringiensis*（BT）である．*B. thuringiensis* は，わが国の石渡により 1901 年に，カイコの卒倒病菌として発見されたが，その当時，わが国では誰も害虫防除資材としての利用を考えてはいなかった．しかしながら，1911 年に Berliner が，ノシメマダラメイガ斃死幼虫から分離された昆虫病原細菌を *Bacillus thuringiensis* と命名するに至って，ヨーロッパにおいて害虫防除資材としての利用が考えられるようになった．1927 年に，フランスのメタルニコフやハンガリーの研究者らが国際アワノメイガ研究事業を立ち上げ，*B. thuringiensis* の害虫防除実用化試験とその製剤化を行った（以下，BT 製剤と呼ぶ）．この事業は，アワノメイガ防除やその他のチョウ目害虫防除に有望な結果を得たが，第二次世界大戦の勃発によって研究事業は中止となった．一方，20 世紀初頭に日本からアメリカに侵入したマメコガネは北米東部の農作物に多大な被害を及ぼし，マメコガネの防除のために 1921 年，米国農務省にマメコガネ研究室が設置され，1939 年にようやく昆虫病原微生物導入事業として実用化となった．その後，1940 年の Dutky により乳化病菌（*Paenibacillus popilliae*）が発見され，このマメコガネ防除資材が 1948 年にアメリカ合衆国における初めての生物農薬として登録された．*Bacillus thuringiensis* は 1961 年にチョウ目害虫防除資材として農薬登録された．現在では，微生物害虫防除資材としては，圧倒的に BT 製剤が利用されているが，その理由としては，乳化病菌などのように偏性病原体で人工培養がむずかしいのに比べて *B. thuringiensis* は培養が容易なこと，チョウ目害虫だけでなくハエ目害

虫，コウチュウ目害虫に対しても，効果的で特異的な殺虫活性を示す BT 菌株が数多く発見されたことなどがあげられる．現在では，BT は，生物農薬として最も広く利用される資材である（2.4 節参照）．わが国では，BT 製剤散布による養蚕業への影響を鑑み，長年の試験研究を経て，1981 年に東亞合成のトアロー，住友化学のダイポール，SDS のチューリサイド，協和発酵のセレクトジン，塩野義製薬のバシレックスが，微生物害虫防除資材として農薬登録された．その後，いくつかのチョウ目害虫防除資材として BT 製剤が登録され，2001 年にはクボタからコガネムシ防除資材として，ブイハンターが登録された．BT 製剤を含む微生物農薬の安全性評価法は，1986 年頃から，当時の環境庁で調査および検討作業が行われ，1997 年 8 月に農林水産省から，「微生物農薬の安全性評価に関する基準」および「微生物農薬の安全性評価に必要な資料を作成するに当たっての指針」が農薬業界に示された．2005 年 6 月の JAS 法の改正により，有機 JAS 農作物は，農林水産省の指導のもと農薬を使用しない，もしくは特定の農薬の使用だけで栽培されたことを国が認定した認定団体によって栽培方法が検査されるものとされた．このことによって，他の生物防除資材と同様に農薬登録された BT 製剤を使用した場合も，有機 JAS 農作物として販売することができるようになった．

農薬登録されている BT 製剤のほとんどがチョウ目害虫をターゲットとしていることもあり，これらの製剤は Cry1 タンパク質や Cry2 タンパク質を有している．これらをコードする *cry* 遺伝子は，チョウ目害虫の被害が深刻なトウモロコシ，綿花，大豆，ナタネ，米に導入されて耐虫性作物として栽培され，その作付面積は世界各国で広がっているが，日本では圃場での栽培が認められていない．

1991 年に Li らにより Cry3A トキシンの X 線結晶構造解析が行われると，Cry1A，Cry2A および Cry4B トキシンの構造解析が次々と行われた．しかしながら，アミノ酸配列においては，30％ほどの相同性にもかかわらず，これらの立体構造はほとんど変わらない（大庭ら，2005）．幼虫が，毒素タンパク質を摂食すると，その消化管内で消化液中のプロテアーゼによりプロセシングを受け，Cry トキシンとなる．その後，トキシンが標的昆虫の中腸上皮細胞に存在するレセプター分子に結合し，中腸上皮細胞膜に陥入しさらに小孔を形成する．このように腸の細胞に穴が空いてしまうため膜でのイオン透過性が変化

し，上皮細胞が崩壊することで幼虫は致死する．Cry トキシンは三つのドメインを有している．ドメイン 1 は，7 個の α-ヘリックスを含んで Cry トキシンの N-末端部分に位置しており，中腸上皮細胞膜への陥入と小孔形成に関わる．また，ドメイン 2 とドメイン 3 は，レセプター分子との結合に関わる，というモデルが提唱された（Yamamoto and Powell, 1993）．近年，中腸上皮細胞上にある Cry トキシンのレセプター分子として，アミノペプチダーゼ N やカドヘリン様タンパク質が報告されている．

　BT 製剤は，BT の産生する殺虫性結晶タンパク質を主成分とするため，標的昆虫が野外で BT 製剤に対する抵抗性を獲得するのはむずかしいのではないかと考えられていた．しかし，1990 年代からコナガでハワイや北米，アジア各地で，BT に対する抵抗性が多数報告された．わが国でも大阪府において，コナガの BT 製剤抵抗性が確認された（田中・木村，1991）．このコナガの抵抗性は，抵抗性獲得のメカニズムや，抵抗性遺伝子の解析などの，抵抗性獲得分子基盤の解明が進められている．また，カイコの品種を用いた選抜で，BT 製剤感受性品種と BT 製剤抵抗性品種の差違が，10000 倍以上あることが明らかとなり，これらの選抜されたカイコ品種を用いて抵抗性遺伝子の解明が進められているところである．

　熱帯性伝染病を媒介するカやハエ類の防除については，*Bacillus thuringiensis* serovar *israelensis*（BTi）のほかに，*Bacillus sphaericus*（BS）が広く利用されているが，BS 製剤の野外での連続使用により抵抗性を獲得したカ類が出現し，そのカ類には BS の産生する副胞子封入体を構成するバイナリートキシン（毒素タンパク質）に対するレセプターが欠損していることが明らかにされた．このことを受けて，世界保健機構（WHO）やフランスのパスツール研究所が主導となり，全世界において広く利用されている BTi 製剤抵抗性カ類が出現しないように BTi 製剤に代わる BT 株の検索が行われた．その結果，数多くの BTi 製剤に代わる有望な BT 株が発見されている（浅野・伊藤，2004）．

　コウチュウ目昆虫に対する微生物防除資材としての BT 製剤は報告がほとんどなかったが，1983 年に Krieg らがコロラドポテトビートル幼虫に対する殺虫活性を報告すると，いくつかの *cry* 遺伝子が報告された（表 4.1）．しかしながら，これらの Cry タンパク質はコウチュウ目害虫であるコガネムシ類の

4. 昆虫病原微生物の戦略

表 4.1　コウチュウ目昆虫に殺虫活性を示す *cry* 遺伝子

遺伝子名	NCBI ACCESSION No.	殺虫活性の範囲
cry3Aa1	M22472	コロラドポテトビートル殺虫活性
cry3Ba1	X17123	コロラドポテトビートル殺虫活性
cry3Ca1	X59797	コロラドポテトビートル殺虫活性
cry7Aa1	M64478	コロラドポテトビートル殺虫活性
cry7Ba1	ABB70817	コロラドポテトビートル殺虫活性
cry7Ca1	EF486523	コロラドポテトビートル殺虫活性
cry8Aa1	U04364	コガネムシ類殺虫活性
cry8Ba1	U04365	コガネムシ類殺虫活性
cry8Ca1	U04366	コガネムシ類殺虫活性
cry8Da1	BAC07226	コガネムシ類殺虫活性
cry8Ea1	AY329081	コガネムシ類殺虫活性
cry8Fa1	AY551093	コガネムシ類殺虫活性
cry8Ga1	AY590188	コガネムシ類殺虫活性

The *Bacillus thuringiensis* delta-endotoxin nomenclature committee の Web サイトからの情報．http://www.lifesci.sussex.ac.uk/home/Neil_Crickmore/Bt/
殺虫活性データは，Bt toxin specificity database の Web サイトを参照した．
http://www.glfc.cfs.nrcan.gc.ca/science/research/netintro99_e.html

図 4.1　結晶非産生 BT51 株で発現させた各 *cry* 遺伝子の走査型電子顕微鏡写真
cry1Aa 遺伝子を発現させたもの（菱形の結晶）(左)，*cry3Aa* 遺伝子を発現させたもの（座布団形の結晶）(中)，*cry8Da* 遺伝子を発現させたもの（球状の結晶）(右)．Bar：3μm

幼虫に対しては殺虫活性を示さない．コガネムシ類の微生物防除資材としては乳化病菌が知られていたが，乳化病菌の人工培養法は確立されておらず，より培養が簡単な BT 菌の検索が行われ，Ohba ら（1992）により *japonensis* Buibui 株が発見された．Buibui 株から *cry8C* 遺伝子がクローニングされ，*cry8* 遺伝子にカテゴライズされる遺伝子がコガネムシ類に殺虫活性を有することが明らかにされた．（表 4.1，図 4.1）

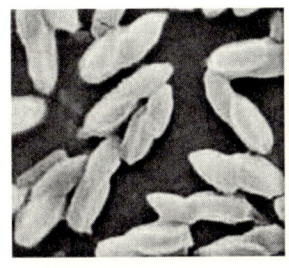

図 4.2 乳化病コガネムシ幼虫から分離された *Paenibacillus popilliae* の走査型電子顕微鏡写真
ヒメコガネから分離された hime 株（左），マメコガネから分離された mame 株（中），サクラコガネから分離された sakura 株．Bar：3μm

　乳化病菌はこれまで人工培養が不可能とされていたが，近年，千葉県農業試験場と大日本インキの共同研究により人工培養法が開発され，コガネムシ類防除資材として有望視されている（図 4.2）．乳化病菌は土壌中において高い感染性を長年保つことができ，また乳化病罹病コガネムシは大量に乳化病菌を増殖させるために，長期的なコガネムシ防除に効果があると考えられている．この点は，BT 菌が斃死個体虫で増殖せず一度散布を行うと，殺虫性結晶タンパク質が紫外線などで変性してしまうことで防除効果がなくなってしまうのとは対照的である．また，乳化病菌が産生する結晶タンパク質は，コガネムシ類に殺虫活性を示さないとされていたが，新たにクローニングされた *cry43A* 遺伝子は，コガネムシ類に殺虫活性を示すことが確認された．コウチュウ目に属するコガネムシ類幼虫は土中に棲息することから，圃場における BT 製剤での防除がむずかしく，作物に *cry* 遺伝子を導入することで効率的な防除が行えると考えられており，筆者らのグループでは，芝への *cry8* 遺伝子，*cry43A* 遺伝子の導入を行い，コガネムシ類耐性芝の作出を行っている．

　チョウ目，ハエ目，コウチュウ目の標的害虫のほかに，BT 製剤によりハチ目（ハバチ類），トビケラ目，バッタ目，ハジラミ目，カメムシ目（アブラムシ）などに対して BT 製剤が開発されている．今後も，数多くの BT 菌が分離され，新たな標的害虫を対象にした BT 製剤の開発が望まれる．BT 菌株からは殺虫活性を有する *cry* 遺伝子以外の遺伝子もクローニングされそれらの遺伝子を用いた害虫防除法の検討も行われている（表 4.2）．

　BT 菌，BS 菌，乳化病菌以外の昆虫病原細菌で，害虫防除資材として検討

表4.2 BT菌株由来のcry遺伝子以外の殺虫活性遺伝子

遺伝子名	遺伝子のもつ活性について
cyt	cytlitic activity（細胞溶解活性）
vip	栄養型細胞時に分泌される殺虫性タンパク質
Mtx-like	mosquitocidal toxin（Mtx）様トキシン（Cry15A, Cry23A 他）
Bin-like	Cry34/Cry35 バイナリートキシン（ACCESSION　AAT29028）
chitinase	キチン分解酵素活性をもつ（ACCESSION　AJ635226）
phospholipase C	ホスホリパーゼC活性をもつ

されているものは，カ類幼虫に殺虫活性を示しcry遺伝子を有するとされるClostridium bifermentans malaysiaや，コガネムシ類幼虫の防除用にSerratia entomophila，チョウ目昆虫幼虫に殺虫活性を有する毒素を産生するPhotorhabdus luminescensが，検討されてはいるが，まだ安全性評価が十分にされておらず，実用化には至っていない． 〔浅野眞一郎〕

■参考文献

浅野眞一郎・伊藤　岳（2004）蚊に強い殺虫活性を有すB. thuringiensisの新規cry遺伝子を発見―環境に優しく人畜に対して安全な生物農薬を目指して―．化学と生物 **42**(8), 501-503.

大庭道夫・堀　秀隆・酒井　裕（2005）*Bacillus thuringiensis* 殺虫蛋白質の科学―環境保全型生物農薬から抗ガン活性まで―．アイピーシー，東京，pp1-214.

田中　寛・木村　裕（1991）ハウス栽培のクレソンにおけるコナガのBT剤抵抗性，応用動物昆虫学会誌 **35**, 253-255.

Yamamoto, T. and G. K. Powell（1993）*Bacillus thuringiensis* Crystal Proteins：Recent Advances in Understanding Its Insecticidal Activity. *Advanced Engineered Pesticides*（L. Kim ed.), Marcel Dekker, New York, pp. 3-42.

4.2　昆虫ウイルス

4.2.1　昆虫とウイルス

昆虫に感染するウイルスは多様である．昆虫からは，動物ウイルス（動物に感染するウイルス）の多くの分類群が見つかっている．一般的にウイルスの分類は，ウイルス粒子に含まれる核酸の種類（DNAかRNA）や外被（エンベロープ，envelope）の有無，ウイルス粒子の形態がその指標となる．主な，昆虫ウイルスとその分類群を表4.3に示す．

4.2 昆虫ウイルス

表4.3 主な昆虫ウイルスと昆虫に関わるウイルスの分類群

核酸	エンベロープ	ウイルス科	代表的な昆虫ウイルス	昆虫が媒介する植物や動物のウイルス
二本鎖DNA	有	Ascoviridae アスコウイルス科	Ascovirus	
		Baculoviridae バキュロウイルス科	Nucleopolyhedrovirus (NPV)（核多角体病ウイルス）Granulovirus (GV)（顆粒病ウイルス）	
		Unassigned virus (Nudivirus)	*Oryctes rhinoceros* virus (OrV) Heliothis zea virus 1 (HzV-1)	
		Polydnaviridae ポリドナウイルス科	Ichnovirus（イクノウイルス）Bracovirus（ブラコウイルス）	
		Poxviridae ポックスウイルス科	Entomopoxvirus（昆虫ポックスウイルス）	
	無	Iridoviridae イリドウイルス科	Iridovirus（虹色ウイルス）	
一本鎖DNA	無	Parvovirus パルボウイルス科	Densovirus（濃核病ウイルス）	
二本鎖RNA	無	Reoviridae レオウイルス科	Cypovirus（細胞質多角体病ウイルス）	
		Birnaviridae ビルナウイルス科	Drosophila X virus	
一本鎖RNA	有	Flaviviridae フラビウイルス科		カが flavivirus（yellow fever virus 黄熱病ウイルス等）を媒介する
		Rhabdoviridae ラブドウイルス科	sigma virus	
		Bunyaviridae ブニアウイルス科		サシチョウバエが phlebovirus（サイチョウバエ熱ウイルス等）を媒介する アザミウマが tospovirus（トマト黄化えそウイルス等）を媒介する
	無	Picornaviridae ピコルナウイルス科	cricket paralysis	
		Potyviridae ポティウイルス科		アブラムシが Potyvirus（ジャガイモYウイルス等）を媒介する
		Nodaviridae ノダウイルス科	Alphanodavirus	

(Boucias and Pendland（1998）をもとに改変)
国際ウイルス分類委員会（ICTV：International Committee on Taxonomy of Virus）では現在未分類のウイルスとされているが OrV と HzV-1 を Nudivirus として取り扱うことが提案されている.

昆虫は，脊椎動物や植物を食物として利用するため，脊椎動物や植物のウイルスを運ぶ媒介者（vector）としての役割を果たす．このように媒介されるウイルスのなかには，昆虫の細胞内では複製するものもある．そのためさまざまなウイルスが昆虫の体のなかで遭遇することになるため，昆虫はさまざまなウイルスの進化に重要な役割を果たしているとも考えられている．

一方，昆虫だけを宿主とするウイルス分類群が存在する．アスコウイルス（Ascovirus），ポリドナウイルス（Polydnavirus；PDV），バキュロウイルス（Baculovirus）などである．アスコウイルスは，大型の DNA ウイルスでありチョウ目などに感染するが，宿主に寄生する寄生蜂により伝播されていると考えられている．また，PDV は，寄生蜂のヒメバチ科とコマユバチ科の雌の卵巣でのみ増殖するウイルスである．寄生蜂の雌が産卵する際に，この共生ウイルスは，卵や毒液とともに寄主（あるいは宿主）の体内に打ち込まれる．PDV は，寄主の組織内でタンパク質を発現し，寄主の生体防御の阻止や寄主の発育の制御（寄主制御；3.4.2 参照）を行う．面白いことに，PDV は，寄主である寄生蜂のゲノムに組み込まれて完全に垂直伝播（親から仔に伝播すること）する．このようにウイルスのなかには，宿主のゲノムに組み込まれているものがあり，プロウイルスと呼ばれている．PDV は，寄生蜂に完全に共生したユニークなウイルスである（3.4 節参照）．

バキュロウイルスは昆虫に特異的に感染する二本鎖 DNA ウイルスで，ゲノム上に 100 個くらいの遺伝子をもつかなり大型のウイルスである．エビの養殖で問題になっている white spot syndrome virus など甲殻類に感染するウイルスは，バキュロウイルス科に分類されていたことがあるが，現在はニマウイルス科（Nimaviridae）に分類されている（Fauquet, et al., 2005）．

4.2.2 バキュロウイルス

昆虫ウイルスのなかで，生物防除資材として商業的に開発されて大規模に使用されているのはバキュロウイルスのみである．また，バキュロウイルスは，タンパク質などを発現させる発現ベクターとしても開発されている．

バキュロウイルス科に属する顆粒病ウイルス（granulovirus；GV）は，ウイルス粒子 1 個が包埋体という結晶性タンパク質の構造に包まれている．一方，核多角体病ウイルス（nucleopolyhedrovirus；NPV）は，複数個のウイル

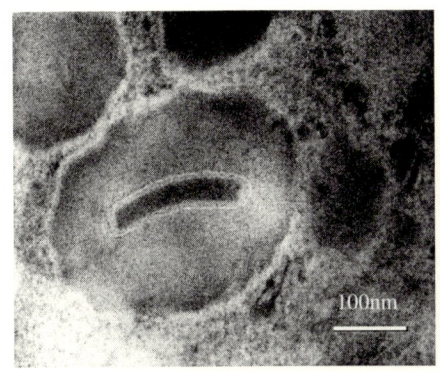

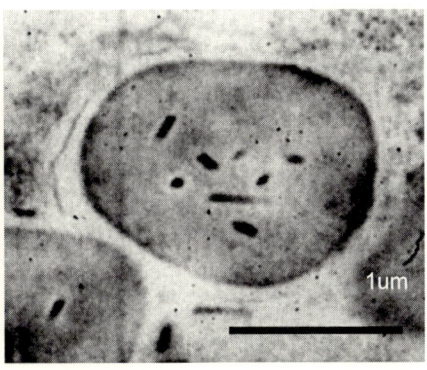

図 4.3 バキュロウイルスの透過型電子顕微鏡写真
左：顆粒病ウイルス（Granulovirus；GV），右：核多角体病ウイルス（Nucleopolyhedrovirus；NPV）．両方とも桿状のウイルス粒子が包埋体に包まれている．

ス粒子が1個の包埋体に包まれている（図 4.3）．

多くの NPV と GV は宿主範囲が狭く，1種かあるいは非常に近縁な昆虫種だけに感染性をもつ．例外もあって，*Autographa californica*（AcMNPV）と *Anagrapha*（=*Syngrapha*）*falcifera*（AnfaMNPV）などは，広い宿主範囲をもつ．これらは，いずれもヤガ科から分離されたウイルスで，AcMNPV は 12 科 33 種，また AnfaMNPV は 10 科 31 種のチョウ目に感染する．

a. バキュロウイルスの構造

バキュロウイルスは，その感染過程で，包埋型ウイルス（occlusion derived virus；ODV）と出芽型ウイルス（budded virus；BV）という二つの形態をとる（図 4.3）．基本的な構造としては，ウイルスゲノム DNA と構造タンパク質であるカプシドタンパク質（capsid protein）によりヌクレオカプシド（nucleocapsid）が構成される．ウイルス粒子（viral particle．ビリオン virion ともいう）は，このヌクレオカプシドとそれを包む外被から構成されている．ODV と BV は両方とも同じヌクレオカプシドをもつが，その外被の構造が異なる．包埋体内には ODV が内包されている．バキュロウイルスが包埋体という形態をもつことは，防除資材として優れた点である．ウイルス包埋体は，宿主がいなくても土壌中などで活性を保つことができるからである．バキュロウイルスは，この特性により，例えば冬の期間など感染ステージの昆虫がいないか，あるいは昆虫の密度が下がった場合にも環境中に生残できるため，

昆虫という宿主に適応していると考えられる．NPV の包埋体は主にポリヘドリン（polyhedrin），GV はグラニュリン（granulin）というタンパク質により構成されている．バキュロウイルス以外にも昆虫ウイルスである昆虫ポックスウイルス（ポックスウイルス科）や細胞質多角体病ウイルス（レオウイルス科）も包埋体をもつが，同様の戦略で昆虫宿主に適応していると考えられている．

b．バキュロウイルスの感染機構

バキュロウイルスの感染機構については，チョウ目ヤガ科昆虫に対する AcMNPV の系が最もよく研究されている（図 4.4）．バキュロウイルスの感染は，一般的にウイルス包埋体が付着した植物などの食物を宿主幼虫が摂食することから始まる．チョウ目昆虫の消化液は，通常，高アルカリ性（pH 10〜11）である．包埋体のタンパク質は，高アルカリ性の条件で溶解する．包埋体タンパク質から遊離した ODV は中腸内腔に侵入する．一方，宿主昆虫の中腸には，囲食膜という非細胞性の膜が存在する．囲食膜は，腸内で食物の流れをスムーズにし，中腸細胞を保護する役目を果たしている．多くの GV や一部の NPV のゲノムには，この囲食膜を分解する enhancin というタンパク質がコードされており，ウイルス粒子と一緒に包埋体中に含まれている．enhancin が囲食膜を破壊することによりウイルス粒子は中腸細胞内へ侵入しやすくなる．

ウイルス粒子は，ウイルスのエンベロープと中腸上皮細胞の膜が融合（fusion）することにより細胞内に侵入する（図 4.4 ③）．バキュロウイルスが宿主の中腸上皮細胞に侵入するしくみについての詳細はまだわかっていないが，現在いくつかの ODV のエンベロープに局在するタンパク質（P74，PIF-1，PIF-2，Ac115 など）が宿主細胞への結合に関与しているというところまでわかっている．一方，宿主側は，どのタンパク質が結合に関与しているのか，ウイルスの受容体としての機能を果たしているかについてはまだ明らかになっていない．中腸上皮細胞に侵入した後，脱外被によりエンベロープを脱いだヌクレオカプシドが核内に移行する．核多角体病ウイルス NPV は，核内でウイルス DNA の複製を開始する．

上述のように，バキュロウイルスのウイルス粒子には，2 種類の表現型（ODV と BV）が存在する．BV の外被は，感染細胞由来の細胞膜（脂質二重層）であり，その先端に，特定の糖タンパク質（gp64 や fusion protein）により構成されるペプロマーと呼ばれる構造をもつ．BV は，宿主昆虫内で生産さ

4.2 昆虫ウイルス

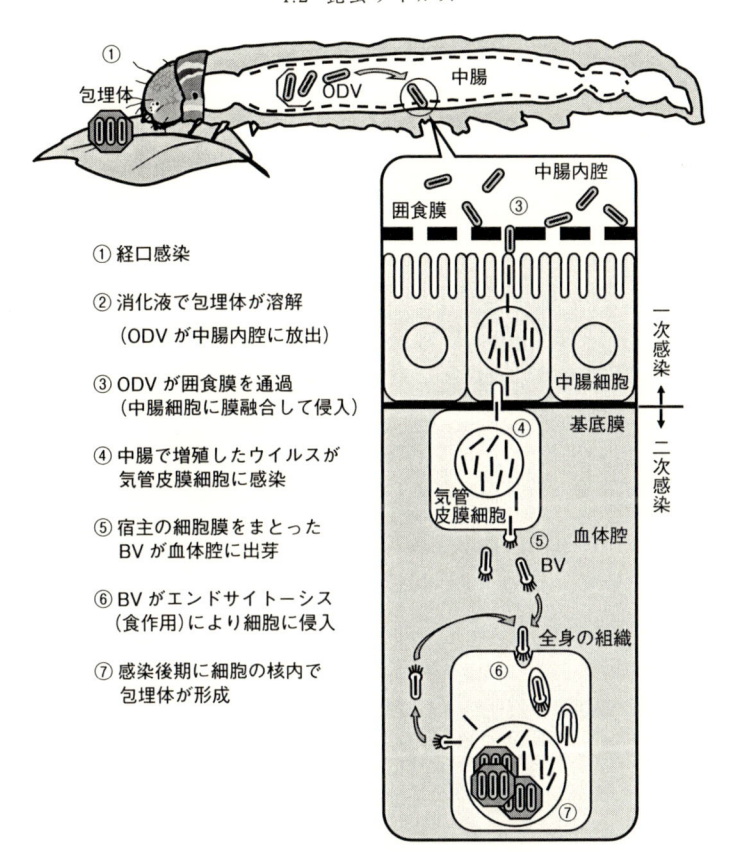

① 経口感染

② 消化液で包埋体が溶解
（ODV が中腸内腔に放出）

③ ODV が囲食膜を通過
（中腸細胞に膜融合して侵入）

④ 中腸で増殖したウイルスが
気管皮膜細胞に感染

⑤ 宿主の細胞膜をまとった
BV が血体腔に出芽

⑥ BV がエンドサイトーシス
（食作用）により細胞に侵入

⑦ 感染後期に細胞の核内で
包埋体が形成

図 4.4 核多角体病ウイルスの感染経路（務川重之氏提供）

れるとつぎつぎに細胞から細胞へと伝播する（図4.4⑤）が，細胞内にウイルスが入るときに起こるエンドサイトーシス（endocytosis）にこの糖タンパク質が必要である．経口的に取り込まれたウイルスが中腸細胞に感染するまでを一次感染，血体腔内の細胞に感染する過程を二次感染という．

中腸細胞は，上皮細胞であるが，その周りは基底膜という強固な膜で包まれている．比較的大きいウイルス粒子が，この基底膜をどのように通り抜けて血体腔内に侵入するのかについては，以前はよくわかっていなかった．Washburn and Volkman らは，この問題にマーカータンパク質を挿入した組換えウイルスを使ってアプローチした．AcMNPV に *lacZ* 遺伝子を挿入した組換えウイルスを作成し，宿主昆虫に接種することにより感染虫のさまざまな段階で

解剖することによりどの段階で体内のどこにウイルスが感染しているかを視覚的に観察することを可能にした．この研究により，AcMNPVは経口接種後の早い段階で，気管皮膜細胞に感染していることがわかった．昆虫の細胞に酸素を届ける役割を果たす気管は，基底膜を貫いて昆虫体内のさまざまな組織に張りめぐらされており，中腸についている気管の皮膜細胞がまず感染し，気管に沿ってウイルス粒子が細胞内のさまざまな細胞に伝播する（図4.4④）．NPVは，脂肪体などの昆虫の細胞内で増殖し，最終的にこれらの二次感染細胞のなかでポリヘドリンなどの結晶タンパク質にODVが包まれた包埋体という構造を作る（図4.4⑦）．感染虫は，感染後期には表皮が液化（liquefaction）を起こして崩壊し，包埋体は体外に放出される．こうしてできた包埋体が，他の昆虫への感染源となる．

c．バキュロウイルスの遺伝子の発現

バキュロウイルスは，自分の複製に必要な遺伝子を自前で供給するシステムをもっている．ウイルスのゲノムにコードされている遺伝子のうち，ウイルスDNAの複製までに発現する遺伝子を初期遺伝子（early gene），複製後に発現する遺伝子を後期遺伝子（late gene）という．まず，ウイルスが細胞に入ると数時間のうちに初期遺伝子が，宿主細胞中のRNAポリメラーゼにより発現する．初期遺伝子発現では，ウイルスDNAの複製や後期遺伝子の発現に必要な複製や転写に関するタンパク質が作られる．例えば，IE-1（immediate early gene 感染のごく初期に発現するタンパク質で，他の遺伝子の発現を高める），DNAポリメラーゼ（DNA polymerase），ヘリカーゼ（helicase），プライマーゼ（primase；LEF-1），プライマーゼコファクター（primase co-factor；LEF-2），single stranded DNA binding protein（LEF-3）などである．また，後期遺伝子としては，主にウイルスの構造タンパク質が発現する．そして，最終的にできたDNAや構造タンパク質が組み立てられ，ウイルス粒子が完成する．

d．バキュロウイルスの遺伝子の機能解明

バキュロウイルスは，遺伝子が約100～160個もある大型のDNAウイルスであるが，機能がわかっている遺伝子はその半分ほどである．チョウ目に感染するNPVは，培養細胞で感染増殖できるため，ウイルスDNAの複製や遺伝子調節について細胞レベルでの実験が可能である．また，宿主である昆虫に適応するために獲得したと考えられる独特の遺伝子もあり，ウイルスと昆虫の共

進化について考えるうえでも興味深い．

　バキュロウイルスの遺伝子は，変異株と野生株の比較や，ある遺伝子の人為的な欠損により，その機能が解析されている．例えば，ecdysteroid UDP-glucosyl transferase（EGT）という酵素の遺伝子（*egt*）は，もともと培養細胞で継代しているときにその遺伝子の欠損変異株ができてしまったことからみつかった．*egt* は，脱皮ホルモンであるエクダイソンの代謝に関わる酵素であり，エクダイソンにガラクトースやグルコースなどの糖を修飾する．糖が付加したエクダイソンは，生物活性を失い，分解される．健全虫では，エクダイソンの上昇により昆虫の脱皮や蛹化が起こるが，ウイルス感染虫で EGT が発現することにより脱皮や蛹化を阻止して幼虫のままに維持することができる．この *egt* を欠損させた株は，欠損させていない野生株に比べて致死までの時間が短く，ウイルスの増殖量が低下する．*egt* は，ウイルスの増殖を妨害する感染虫の変態を阻止することにより，ウイルスの増殖に適した増殖環境を保つ役割を果たしていると考えられている．

　通常，NPV に感染すると宿主昆虫は高いところに上って致死する．高い場所で感染虫が致死することにより，死体から放出されたウイルス包埋体がより広い範囲に分散し，伝播率が上昇することが期待されるため，このような感染虫の行動は適応的であり，どのような遺伝子がこのような機能を調節しているのかが注目されていた．理化学研究所とカリフォルニア大学で研究を行っていた前田らは，カイコガの NPV（BmNPV）の遺伝子をひとつずつ人為的に欠損させた変異株（knockout mutant）を作成し，カイコ幼虫や培養細胞に接種してこれらの遺伝子の機能を網羅的に調べた．この過程で，特定の遺伝子の欠損により感染宿主の行動を変えてしまう遺伝子が見つかった．人間に飼い慣らされたカイコの幼虫は，蛹になる直前以外は全く歩き回らない．しかし，BmNPV に感染すると感染末期には歩き回るようになる．BmNPV のコードする *tyrosine phosphatase*（*ptp*）などの遺伝子を欠損させたウイルスに感染したカイコは，非感染虫と同様に動かなくなってしまう．どのような仕組みでこれらのウイルスの遺伝子が昆虫の行動を制御しているのかはまだ明らかにされていない．今後の研究動向が注目されている．

　生物は，例えばウイルスなどに感染したときに感染した細胞を自発的に殺すシステムをもっている．このような現象を細胞死（programmed cell death）

あるいはアポトーシス（apoptosis）という．一般に，なんらかの引き金（trigger）によりアポトーシスが始まると，アポトーシスを起こした細胞は，核が断片化し，DNAが分断される．アポトーシスの経路には，タンパク質分解酵素の一種であるカスパーゼ（caspase）が複数関与しており，段階的に活性化され，最終的にDNA分解酵素などが発現して細胞死が起きる．ウイルスが感染した細胞がアポトーシスを起こして死ぬことにより，その他の細胞にウイルスの感染拡大を防ぐことができると考えられている．いわば，小を捨てて大を取るという戦略である．ところが，バキュロウイルスはこの宿主細胞のアポトーシスを阻止するメカニズムをもっている．そのため，感染細胞は，アポトーシスを抑えられ，その間に生きた細胞内でウイルスが増殖することができるのである．バキュロウイルスからは，大きく分けて2種類のアポトーシス経路を阻害するタンパク質がみつかっている．多くのバキュロウイルスのゲノムにコードされている（inhibitor of apoptosis proteins；IAPs）は，アポトーシス経路の上流にあるinitiator caspaseよりさらに上流の反応を阻害する．また，p35は下流のeffector caspaseを阻害する．*p35*はもともとAcMNPVから見つかった遺伝子であるが昆虫以外の生物のアポトーシスも阻害するため，さまざまな生物のアポトーシスの研究に用いられている．

e．宿主側の応答

ウイルスが宿主昆虫の体内に入るとアポトーシス以外にどんな応答が起きるのだろうか？　一般に，病原体が昆虫の体内に侵入すると，宿主昆虫の生体防御機構が働きその異物を排除する．ウイルスが宿主体内で増殖するということは，これらの生体防御機構を回避するか，あるいは，その防御機構が働く前に宿主を致死させているということである．実際のところ，バキュロウイルスに対して昆虫がどのような生体防御をするかという研究報告例は非常に少ない．昆虫の生体防御には，細胞性免疫と液性免疫がある．細胞性免疫には，食作用（phagocytosis），包囲作用（encapsulation）があり，液性免疫には，フェノール酸化酵素（phenol oxidase）という酵素のカスケードが働いてメラニン形成を起こさせたり，細菌などの感染に対しては，抗菌性のペプチドが発現することが含まれる（3.4.2参照）．AcMNPVは，多くのヤガ科昆虫に強い感染力をもつ．しかし，タバコガの一種である*Helicoverpa zea*は，その近縁種である*Heliothis virescens*に比べてAcMNPVに対する感受性が低い．そこで，その

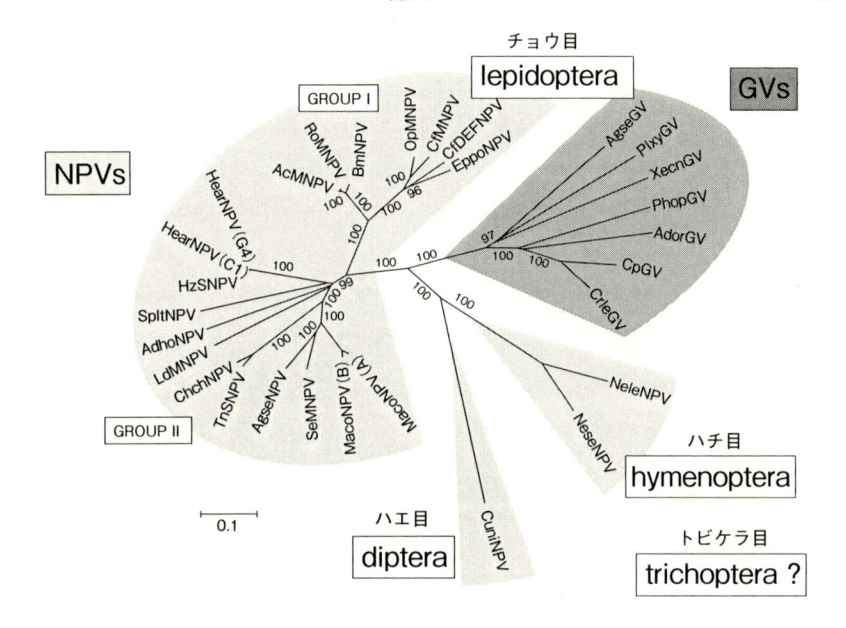

図 4.5 バキュロウイルスの系統樹
チョウ目の NPV，チョウ目の GV，ハエ目とハチ目に大きくクレードが分かれている．トビケラ目のウイルスは解析されていないので不明．(Jehle *et al.* (2006) より改変作画)

しくみを生体防御機構に着目して調査した結果，AcMNPV を接種した *H. zea* 幼虫の体内では，感染部位に血球細胞が付着しており，細胞性免疫により感染が抑えられていることが示唆された．つまり *H. zea* が AcMNPV に感染しにくい理由は，血体腔内での生体防御機構によりウイルス感染が抑えられているためだと考えられる．しかし，多様なバキュロウイルスと宿主昆虫との関係のなかで，宿主種により感受性が異なったり，また感染力がなかったりする理由については，まだ一般化することはできない．さらに広範囲のウイルスと宿主種の組み合わせによる調査が必要である．

f．バキュロウイルスの進化

バキュロウイルスは，これまで主にチョウ目とハエ目とハチ目の昆虫から分離されている．とりわけ，チョウ目から分離された種数が多く，バキュロウイルスは，チョウ目のなかに起源があり，そこから別の昆虫種へ拡大したという考え方があった．この考えは，多くのバキュロウイルスのゲノムシーケンスが解明された今日ではほとんど受け入れられていない．現在のところ受け入れら

れている説は，バキュロウイルスの起源は，節足動物の起源の時代にさかのぼり，宿主昆虫と共進化してきたという考え方である．この考え方は，チョウ目だけでなくハバチやカから分離されたウイルスの塩基配列が明らかになり系統解析が進んだことにより支持されている．すなわち，バキュロウイルスの系統解析を行うとチョウ目のNPV，チョウ目のGV，ハエ目由来のウイルス，ハチ目由来のウイルスと常に明確なクレードに分かれる（図4.5）．これまで，例えばチョウ目のクレードの中に分類されるチョウ目以外の動物由来のウイルスはまだ見つかっていない．すなわち，昆虫目の分化とウイルス種の分化は常に一致していることから，前述の仮説が支持されている．

4.2.3 バキュロウイルスの防除資材化に向けた研究

バキュロウイルスは殺虫活性が高い，宿主特異性が高い，そして次世代への残効性が期待できるなどの特徴から害虫防除資材として使用されている．これらの利点は，他の天敵などの有用昆虫に影響がないためスペクトラムの広い殺虫剤の代用品としてIPMプログラムの理想的な防除資材となりうる．一方，ウイルスを生産するには，生きた細胞（培養細胞か生きた虫）が必要であるが，これがウイルスの生産コストを上げる原因となっている．一方で，昆虫病原ウイルスの主な欠点は，化学合成農薬に比べて比較的殺虫スピードが遅いこと，紫外線により失活することである．また，一般的に若齢の幼虫の方が感受性が高く，齢が進むごとに感受性が低くなる傾向があるため，散布時期が限られる．

BTなどの細菌資材（4.1節参照）と同様に，ウイルスは，標的昆虫に口から取り込まれなければ殺虫効果を発揮することができない．これは，ウイルス資材を製剤化するときに考慮しなければならない点である．つまり，宿主昆虫に摂食されるまで紫外線に対する保護を行う必要がある．また，その保護剤は，摂食を阻害するものであってはならない．保護剤の開発は，バキュロウイルスを資材化している企業独自に多く研究されており，保護剤を開発する目的で蛍光漂白剤の利用が検討された．蛍光漂白剤は，スチルベンを基本骨格としてもつ物質で，洗濯物を白くする目的で洗剤などに含まれている．面白いことに，蛍光漂白剤を添加することにより，ある種のチョウ目に対してバキュロウイルスの活性は非常に高まることが偶然わかった．その後の研究により，これ

は，囲食膜に働きウイルスと中腸上皮細胞との接触を高めることがわかった．このような保護剤などの補助剤は，ウイルスを紫外線から守りその活性を高めるが，蛍光漂白剤は環境中では分解されにくい物質であるという問題もある．

　1990年代にはバキュロウイルス殺虫剤の殺虫スピードを高めるために組換えバキュロウイルスが開発された．主要なアプローチとして，昆虫にのみ殺虫活性のあるサソリ毒など，昆虫に特異的に働く神経毒の遺伝子をバキュロウイルスの初期遺伝子のプロモーターの下流に挿入した組換えウイルスが作製された．これらの組換えウイルスは，ウイルスの増殖が始まるとまもなくサソリ毒の遺伝子が生産されるためウイルスが感染して致死するよりも早く宿主昆虫を致死させることができる．欧米でこれらの組換えウイルス殺虫剤に関して生態学的な研究なども含めて多くの研究がなされたが，最終的にはアメリカ合衆国でも上市することはなかった．現在，世界で組換えバキュロウイルスが実際に使用されているのは中国のみである．　　　　　　　　　〔仲井まどか〕

■参考文献

Boucias, D. G. and J. C. Pendland (1998) Principles of Insect Pathology, Klewer Academic Publishers. 537 pp.

Clem, R. J. (2001) Baculoviruses and apoptosis : the good, the bad, and the ugly. *Cell death and Differenciation* **8** : 137-143.

Fauquet, C. M., M. A. Mayo, J. Maniloff, U. Desselberger and L. A. Ball (2005) Virus Taxonomy : The Eighth Report of the International Cmmittee on Taxonomy of Viruses, Elsevier. 1162 pp.

Jehle, J. A., G. W. Blissard, B. C. Bonning, J. S. Cory, E. A. Herniou, G. F. Rohrmann, D. A. Theilmann, S. M. Thiem and J. M. Valk (2006) On the classification and nomenclature of baculoviruses : a proposal for revision. *Arch. Virol.* **151** : 1257-1266.

Slack, J. M. and B. M. Arif (2007) The baculoviruses occlusion-derived virus ; Virion structure and Function. *Adv. Virus Res.* **69** : 99-165.

Stock, S. P., J. Vandenberg, I. Glaser and N. Boemare (2009) Insect Pathogens : Molecular Approaches and Techniques, CABI. 432 pp.

4.3　昆虫病原糸状菌

　昆虫が糸状菌に寄生されて病気になることを最初に報告したのはイタリア人のバッシー（A. Bassi）で，1834年のことである．彼は糸状菌がカイコから生

えているのを発見し,さらにこの糸状菌をカイコに接種して伝染病を引き起こすことを実証した.医学の分野で細菌が人や家畜の病気の原因になることが明らかになったのは 1840 年代の後半とされている.したがって,微生物が動物の病気の原因になることの発見は,糸状菌とカイコの関係の方が 10 年以上早いことになる.養蚕業に大きな被害をもたらす病気が伝染性のものであり,害虫に似たような病気があることがわかってくると,昆虫病原糸状菌を害虫防除に利用しようとする考え方が生じ,メチニコフ (E. Metchinikoff, 1845-1916) はその考えを発展させ,黒きょう病菌 *Metarhizium anisopliae* を使用してコガネムシの防除試験を行った.また,*M. anisopliae* を量産するためにビール原料の麦芽汁を用いる大量培養の方法を考え出した.このように昆虫の糸状菌病は害虫の微生物的防除に最も早く利用され,現在も盛んに開発されている(表 4.4).わが国では害虫防除に糸状菌が実際に試みられたのは 1940 年代以降で

表 4.4 主な昆虫病原糸状菌製剤の種類

糸状菌種名	製品名	対象害虫	使用国
Beauveria bassiana	Boverin	コドリンガ,コロラドハムシ	旧ソ連
Beauveria bassiana	Botani Gard	コナジラミ	アメリカ合衆国
Beauveria bassiana	Mycotrol	鱗翅目,半翅目	アメリカ合衆国,メキシコ
Beauveria bassiana	Ostrinil	アワノメイガ近縁種	フランス
Beauveria brogniartii	バイオリサ,カミキリ	ギボシカミキリ,ゴマダラカミキリ	日本
Beauveria brogniartii	Engerlingspilz	コガネムシ類	スイス
Hirsutella thompsoni	Mycar	ミカンサビダニ	アメリカ合衆国
Lagenidium giganteum	LAGINEX	カ類	アメリカ合衆国
Metarhizium anisopliae	Bio Green	コガネムシ類	オーストラリア
Metarhizium anisopliae	Green Muscle	バッタ	南アフリカ
Metarhizium anisopliae	BIO1020	キンケクチブドウムシ	ドイツ
Metarhizium anisopliae	Metaquuino, Metapol, Combio	アワフキムシ類,ヨコバイ類	ブラジル
Monacrosporium Phymatophagum	ネマヒトン	サツマイモネコブセンチュウ	日本
Myrothecium verucaria	Di Tera ES	センチュウ	世界中
Nomuraea rileyi	AGRO BIOCONTROL NOMURAEA50	鱗翅目幼虫	コロンビア
Paecilomyces fumosoroseus	PFR-97	コナジラミ類	ヨーロッパ
Paecilomys lilacinus	Biocon	センチュウ	フィリピン
Lecanicillium (Verticillium) lecanii	Vertalac	アブラムシ類	日本,イギリス
Lecanicillium (Verticillium) lecanii	Mycotal	オンシツコナジラミ	イギリス
Lecanicillium (Verticillium) lecanii	Thriptal	スリップス類	イギリス

4.3 昆虫病原糸状菌

ある.カイコノウジバエに *Paecilomyces fumosoroseus*,マツカレハに *Beauveria bassiana*,コガネムシ類に *B. brogniartii* と *Metarhizium* sp. を用いた天敵微生物による防除試験が行われた.このなかで長谷川・小山(1941)の *B. brogniartii* と *Metarhizium* sp. を用いたコガネムシ類の防除に関する研究は,わが国における最初の微生物的防除の成功例として高く評価されている.この研究に基づいて *B. brogniartii* と *Metarhizium* sp. を主剤とする糸状菌製剤の製造ならびに配布を目的とする林業微生物培養所が設立された.この事業も後から登場した強力な合成殺虫剤に対抗しえず,やがて中止された.その後,合成殺虫剤による環境汚染,薬剤抵抗性害虫の出現などが社会的な問題となり,糸状菌による微生物的防除が再び注目される状況になった(表4.4).

4.3.1 昆虫病原糸状菌の分類学的位置とその特徴

菌界は変形菌類と真菌類の2門に大別される.さらに,真菌類は生活史,子実体および胞子の形態などから5亜門に分けられる.不完全菌類は他の4亜門とは分類基準が異なり有性生殖世代を欠く高等菌類を一括して一群としたものである.昆虫病原真菌類はすべての5亜門に存在しているが,主に害虫防除に利用される糸状菌は不完全菌類に属するため本書では不完全菌類に限定して述べることとする(表4.4,表4.5).

表4.5 昆虫病原菌類を含む主な属の分類学的位置

MASTIGOMYCOTINA(亜門,鞭毛菌類)	BASIDIOMYCOTINA(亜門,担子菌類)
Chytridiomycetes(綱,ツボカビ菌類)	Hymenomycetes(綱,菌蕈類)
Coelomomyces 属	*Septobasidium* 属
Oomycetes(綱,卵菌類)	DEUTEROMYCOTINA(亜門,不完全菌類)
Lagenidium 属	Hyphomycetes(綱,ヒホミケス綱)
	Aspergillus 属
	Beauveria 属
ZYGOMYCOTINA(亜門,接合菌類)	*Hirustella* 属
Zygomycetes(綱,接合菌類)	*Metarhizium* 属
Entomophthora 属	*Nomuraea* 属
Massospora 属	*Peacilomyces* 属
	Lecanicillium (*Verticillium*) 属
ASCOMYCOTINA(亜門,子嚢菌類)	
Pyrenomycetes(綱,核菌類)	Coelomycetes(綱,コエロミケス綱)
Cordyceps 属	*Aschersonia* 属

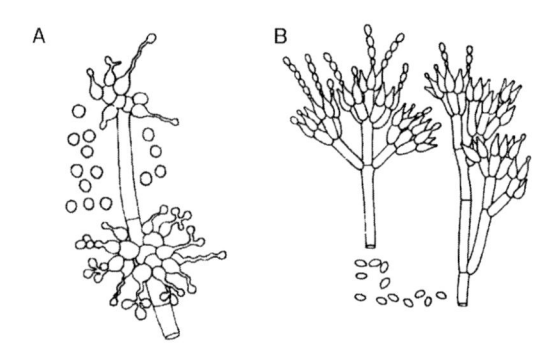

図 4.6 シンポジオ型分生子（A）とフィアロ型分生子（B）
シンポジオ型分生子：分生子形成方法の一つで，最初の分生子が菌糸の頂端に形成された後，頂端の下から新しい分生子形成細胞が伸長して分生子を産生する方法で産生される分生子（図A）．フィアライド：分生子形成細胞の一つで，単条または分岐した菌糸の先端に隔壁に仕切られて形成され，頂端開口部から分生子（フィアロ型分生子）を次々と連続的に形成し外に押し出す分生子形成細胞（図B）．

不完全菌類は，分生子殻や分生子層に分生子を形成するコエロミケス綱と特別な器官を作らず，菌糸から分生子を形成するヒホミケス綱に大別され，前者には *Aschersonia* 属が，後者には大部分の昆虫病原糸状菌が所属する．分類基準としては分生子，分生子柄，分生子形成細胞などの形態と分生子形成機構が用いられる．害虫防除に用いられる主な糸状菌の分類基準とその特徴は次の通りである．

a. ***Beauveria bassiana***

分生子柄は気中菌糸から生じ，基部は球形あるいはフラスコ状，先端は分生子形成に従ってジグザグ状あるいは歯牙状となる．分生子はシンポジオ型で無色または微黄色で球形である（図4.6）．宿主域は広く，500種に近い昆虫に感染する．本菌はコロラドハムシ，コナジラミ，アワノメイガなどの多くの害虫の防除に利用されている．動物の病気が微生物によって起こることを本菌を用いてカイコで初めて実証したA. Bassiの功績をたたえ学名として *Beauveria bassiana* が与えられている．

b. ***Beauveria brogniartii***

分生子柄の形態，分生子形成様式は *B. bassiana* と同様であるが，分生子の形態が卵形あるいは楕円形である点が *B. bassiana* と異なる．本菌は大部分の系統は培地中に赤色色素を産生する．本菌にはコガネムシ類あるいはカミキリ

類に強い病原力をもつ2系統が含まれ，両昆虫類の微生物的防除に用いられている．本菌に感染した昆虫は死後硬化し，白色の菌糸におおわれ，分生子形成に伴って淡黄色を呈する．

c． *Metarhizium anisoplia*

分生子柄は2～4本のフィアライドを形成するが，最終的に層状になる．分生子はフィアロ型で集塊は緑黒色を呈する（図4.6）．分生子の大きさにより本種は2系統に分けられる．大型系（var. *majus*）の分生子の大きさは $9.0 \sim 18.0 \times 3 \sim 4.5 \mu m$，小型系（var. *anisopliae*）のそれは $3.5 \sim 9.0 \times 2 \sim 3.5 \mu m$ である．本菌は200種以上の昆虫に寄生するが，土壌中からも高率で分離される．チョウ目昆虫への病原力は小型分生子系が大型系よりも強いが，カブトムシ類に対しては大型系が小型系よりも強い．本菌は殺虫性の毒性物質デキストランを産生する．

d． *Paecilomyces fumosoroseus*

分生子柄は気中菌糸から直接あるいは短い枝より生じる．分生子はフィアロ型で，楕円形の単細胞であり，多数が集合すると桃紅色を呈する．モモシンクイガ，アメリカシロシトリ，カイコノウジバエなどに高い病原性を示す．

e． *Lecanicillium*（*Verticillium*）*lacanii*

分生子は数個が粘塊状にフィアライド先端に形成され，水滴にさらされると容易にフィアライドより離脱する．分生子は純白，長円形から円筒形である．本菌はアブラムシやオンシツコナジラミに強い病原力をもつことから，両害虫の微生物農薬として利用されている．

○○ 4.3.2　昆虫病原糸状菌の感染および殺虫メカニズム ○○

昆虫病原糸状菌による害虫防除において感染メカニズムの解明は重要なので各ステージ（分生子の昆虫クチクラへの付着，菌糸の侵入，体内増殖および致死メカニズム）を詳しく説明すると，糸状菌と昆虫の種類によりかなり異なる．まず，付着・侵入であるが，①分生子の昆虫クチクラへの付着，②クチクラと分生子の付着の強化，③昆虫クチクラ上での発芽の3段階に分けることができる．昆虫病原糸状菌の分生子は *Beauveria*, *Metarhizium*, *Paecilomyces*, *Nomuraea* 属などの疎水性のものと，*Hirusutella* および *Lecanicillium* 属などの親水性の分生子に大別される．ここで，昆虫クチクラも疎水性

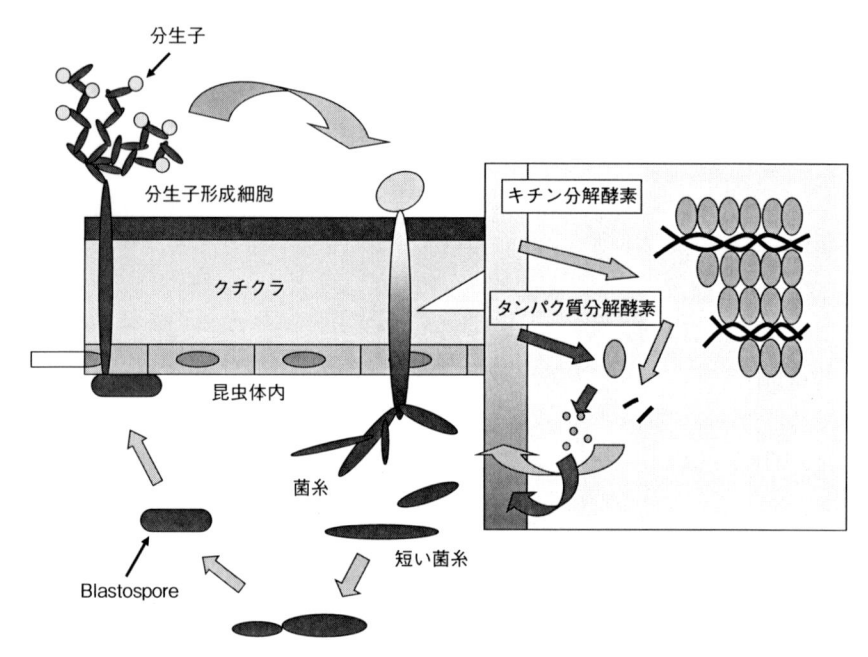

図 4.7　*Beauveria* 属糸状菌分生子の昆虫体内への侵入と体内増殖

であるため疎水性である分生子の最初のクチクラへの付着は，非特異的かつ受動的な疎水結合か静電気的な付着と考えられる（図 4.7）．一方，*Hirusutella* および *Lecanicillium* 属などの分生子の表層には無定形の粘液が存在し，それが昆虫クチクラへの付着を容易にしているものと考えられる．第2段階ではレクチン様物質あるいは糖タンパク質などの作用による能動的な付着であるが，その詳細については不明の点が多い．*M. anisopliae* 分生子よりレクチン様物質が抽出されているが，付着におけるその役割は解明されていない．続いて，酵素あるいは粘液の分泌ならびに発芽，付着器形成などの特異的かつ能動的な第3段階に入る．この第3段階で糸状菌は各種分泌物でより強固な付着を維持するとともに機械的な圧力とクチクラ分解酵素（各種プロテアーゼ，キチナーゼおよびリパーゼなど）の作用により昆虫クチクラを突破する．これら酵素群は一種のカタボライトリィプレションとフィードバック機構により制御されていると推定される．すなわち，酵素による分解生成物（キチナーゼの場合はN-アセチルグルコサミン）の存在下では酵素の合成が阻害される現象で分解

生成物に制御される負のフィードバック機構である．したがって，これらの酵素の発現には上記分解生成物が存在しない環境，いわゆる飢餓ストレスが必要とされる．このことは，クチクラより侵入した菌糸は栄養条件のよい昆虫体液中では，ほんのわずかのプロテアーゼしか産生しないことからも理解できる．なお，一般的には Beauveria, Paecilomyces および Nomuraea 属では分生子から生じた発芽管が直接侵入菌糸になるが，Metarhizium 属糸状菌では発芽管の先端に付着器（appressorium）を生じ，付着器からの菌糸が昆虫体内に侵入する．

　体内に侵入後は血体腔内で増殖するが，その増殖形態は，菌種あるいは宿主昆虫により異なっている．いずれにしても侵入菌糸は体液中で blastospore* を出芽的に産生し増殖する（図4.4）．感染虫が生きている間には真皮や脂肪組織を除いて，大部分の組織では菌糸の侵害は認められない．組織への菌糸の侵入には機械的な力と酵素作用を必要とするので，組織への菌糸の侵害が少ないことは前述した体液中（栄養状態のよい環境下）でのプロテアーゼ，キチナーゼなどが産生されないことに起因している可能性が高い．一方，体液中の菌糸や blastospore は昆虫の生体防御反応を引き起こす．この反応は大きく細胞性免疫と体液性免疫に分かれる．細胞性免疫である血球の食作用は感染初期において観察されるが，同後期には認められないのが一般的で，食作用を抑制する物質を糸状菌が産生するものと考えられている．体液性の免疫では抗真菌作用をもつタンパク質があるが，糸状菌の侵入前より存在しているものと，侵入後に速やかに合成されて体液中に現れるものが知られている．前者はセンチニクバエ Boettcherisca peregrina の正常体液より分離精製された抗真菌性タンパク質で，単独では活性が弱いが，セクロピン型の抗細菌性タンパク質と共存すると強い抗真菌活性を示す．後者は糸状菌の感染などの誘導処理したショウジョウバエ Drosophila melanogaster から分離精製された抗真菌性タンパク質で，真菌に対しては強い活性をもつことが証明されている．その他の多くの昆虫については不明である．

　フェノール酸化酵素系は糸状菌に対する昆虫の生体防御反応全体のなかで重要な役割を演じていると考えられる．マイマイガ（Lymantria dispar）に病原

---

* 不完全菌類に属する昆虫病原性糸状菌は，昆虫体腔内や液体培地中で比較的均一な菌細胞を産生し増殖する．これらの菌細胞につけられた名称．

性の糸状菌と非病原性糸状菌を注射した場合，前者においてフェノール酸化酵素活性は低く，後者において高くなることより，これらの酵素活性の差異は両者の細胞壁成分あるいは産生物質の差異に起因しているものと推定され，病原力と直接の関係が認められている．

糸状菌の体内増殖がある程度達成されると感染虫が死亡するが，その原因の一つに糸状菌が産生する毒素があげられている．実際に，B. bassiana, M. anisopliae, P. fumosoroseus などの培養液から毒素が分離され，その構造が明らかにされている．これらの毒素は昆虫に注射したときに高い活性を示すが，経口あるいは接触毒性はきわめて低い．糸状菌に感染した虫体内でこれら毒素が十分量産生され致死の直接原因となっているかどうかを証明するのは困難であるが，M. anisopliae や Aspergillus flavus に感染致死したカイコ死体中から毒素が検出されることから，これらの糸状菌と宿主の組み合わせでは毒素が致死の主因になっていると考えられる．しかし，多くの場合，糸状菌の体内増殖による体液循環の阻害，生理的なアンバランスあるいは生理的な飢餓などが複合的に作用し致死に至るものと考えられている．

4.3.3　昆虫病原糸状菌による害虫防除

感染メカニズムの項でも示した通り，感染経路が経皮なので細菌およびウイルスなどと異なり吸汁性昆虫の防除も可能である．さらに，製剤には油剤と水和剤があり，油剤は乾燥条件下における害虫の防除にも用いることができることより，今後ますますその応用範囲は広まるものと考えられる．

また，新たな機能をもつ分離株の発見が相次ぐ昆虫病原糸状菌において，分子生物学的手法は体系化を要するものの，分離株の型別には十分な役割を果たせるものと考えられる．昆虫病原糸状菌の系統的な研究では，世界の空白地域であり，菌株の多様性が高い東アジア由来の菌株の解析は，害虫の微生物的防除において新たな素材の発見につながるものと期待される．　　　〔清水　進〕

■参考図書

青木襄児（1980）昆虫病原菌の検索．全国農村教育協会．280pp.
福原敏彦（1991）昆虫病理学．学会出版センター．234pp.
鈴木孝仁ほか編著（2000）微生物の資材化・研究の最前線．ソフトサイエンス社．364pp.

4.4 微胞子虫

4.4.1 微胞子虫の特徴

　原生動物（Protozoa）に属する微胞子虫類（Microsporidia）は，単細胞性真核生物であり，多様な行動様式や生活環を示す微生物集団である．原生動物による病気は，寄生虫学の領域では「原虫病」ともいうが，微胞子虫によって引き起こされる病気を一般には微胞子虫病（Microsporidiosis）という．原生動物は有毛根足虫類（Sarcomastigophora），真胞子虫類（Apicomplexa），微胞子虫類（Microspora），有毛類（Ciliophora），粘液胞子虫類（Myxospora）の五つの亜門に大別される（福原，1991）が，これらのなかで昆虫に病原性を示す原生動物は，主に真胞子虫類と微胞子虫類の二つである．害虫防除への導入が積極的に検討されているのは，微胞子虫類だけである．微胞子虫のなかで主要な種を含む属としては，*Amblyospora*，*Parathelohania*，*Pleistophora*，*Vavraia*，*Thelohania*，*Vairimorpha*，*Nosema*，*Octosporea* などがある．微胞子虫はさまざまな動物に寄生する偏性細胞内寄生体であり，ウイルスと同様に自己増殖ができないため人工培地での培養が困難で，その増殖には昆虫などの生細胞が必要不可欠である．このため量産化の克服などに問題がある．今までに約 800 種の微胞子虫が記載されているが，そのうち昆虫に寄生するものが約 4 割を占める（Tanada and Kaya, 1993）．チョウ目，ハエ目，コウチュウ目に寄生する種が多く，400 種以上の昆虫に感染し，宿主域は比較的広い．微胞子虫はウイルスや細菌，糸状菌などの他の昆虫病原性微生物とは異なるいくつかの興味深い特徴を有しているので紹介しておく．

a. 不思議な真核生物

　微胞子虫は核膜を有する真核生物でありながら，細胞内には典型的なゴルジ装置をもたず，また，かつてはミトコンドリアを欠き，典型的な真核生物型の 80S リボソームの代わりに原核生物様の 70S リボソームをもっているため，真核生物の特徴が進化する以前の原始的な生物の一つとして位置付けられていた．その後，詳細な分子生物学的研究による再調査の結果，微胞子虫タンパク質の α チューブリンと β チューブリンのアミノ酸配列やミトコンドリア由来と考えられる熱ショックタンパク質 Hsp70 の遺伝子配列の解析結果などから，

さらには微胞子虫の一種である *Encephalitozoon cuniculi* の全ゲノム解読の結果からは，微胞子虫は菌類と密接な近縁関係にあることがわかってきた．また微胞子虫におけるミトコンドリア由来遺伝子が存在したことから，微胞子虫の祖先はミトコンドリアをもっていたが，その後，二次的にミトコンドリアを失ったと考えられている（Fast and Keeling, 2005）．このように微胞子虫は，害虫防除への資材化研究だけでなく，真核生物の進化を解き明かすためのよき資材としての研究も進められている．

b. 発射装置としての極糸の存在

微胞子虫の胞子の形状は，卵形や楕円形あるいは長楕円形であり，3～8×1～3μm 程度の大きさである．胞子の内部には単核あるいは連核配列を示す2核を有するが，核数は微胞子虫の属ごとに決まっている．また胞子内には極糸

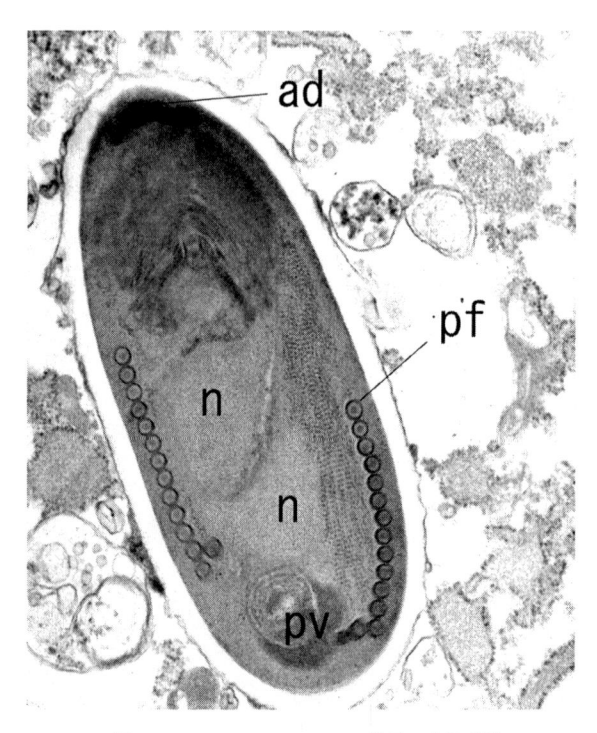

図 4.8　*Vairimorpha kyonggii* 胞子の内部形態
n：核，pf：極糸，pv：後極胞，ad：固定板．

(polar filament）と呼ばれる細長いコイル状の管を内蔵しているが，極糸は，通常は胞子内壁に沿ってとぐろを巻くようにコイル状に収納されている（図4.8）．ひとたび経口的に昆虫の中腸内に胞子が入ると，腸液のアルカリ性やカリウムイオンなどの刺激により，胞子はふ化（＝発芽）し，胞子の上端にある固定板から極糸を瞬時に外翻しながら突出させ，中腸細胞などの組織細胞を貫通する．これと同時に胞子内の核を含む胞子原形質の一部であるスポロプラズム（芽体，sporoplasm）が極糸内腔を通って宿主細胞内へ送り込まれる．その後，侵入したスポロプラズムが発育を開始して分裂・増殖を繰り返しながら，最終的に多数の胞子を形成する．このように，極糸は，胞子内の原形質部分を隣接する組織細胞や器官などに注入して送り込むための発芽管のような発射装置としての役割を果たす（Keohane and Weiss, 1999）．

c．幅広い感染経路

微胞子虫の感染経路は経口感染が一般的であるが，感染雌の卵巣を経て次世代以降まで感染が持続する経卵巣伝達性を示す場合が多い．

1）経口感染 昆虫が胞子の付着した餌を食下し，中腸内に入ることで感染する．発病した昆虫は一般的に慢性的な感染の経過をたどることが多く，感染から死亡に至るまでは比較的長期にわたるため，即効的な防除効果は期待しにくい．宿主の直接的な死因は，普通は微胞子虫の増殖による組織の機械的破壊である．経口感染では，胞子は排出された糞や死亡幼虫などを介して他個体へと感染が拡大する水平伝播を引き起こす．

2）経卵巣伝達 微胞子虫は，経卵巣伝達（transovarian transmission）するが，他の昆虫病原性微生物ではほとんどみられない特徴である．感染昆虫の卵細胞表面に病原体が付着することにより次世代幼虫に感染を引き起こすことを経卵伝達（transovum transmission）というが，経卵巣伝達では，雌の卵巣内で発育中の胚子が微胞子虫に感染するため，幼虫は生まれながらに微胞子虫病に感染してふ化し，次世代に病気が伝わる垂直伝播（vertical transmission）を引き起こす．ふ化した感染幼虫は，成虫に羽化することなく死亡することが多い．同時に，これらの個体が感染源となって他個体に感染が拡大する水平伝播（horizontal transmission）も起こすので，ひとたび微胞子虫を散布導入すれば世代を超えて定着し，対象害虫個体群内に微胞子虫病という流行病を慢性的に引き起こす可能性があり，害虫防除の長期防除剤への利用が期待で

きる.

3) **経皮感染**　きわめてまれな事例であるが，宿主昆虫の皮膚上へ寄生蜂の産卵行動による媒介によって感染することがある.

4.4.2　微胞子虫による感染

　ヨトウムシ類やアオムシ類などのチョウ目害虫が微胞子虫に感染した場合，食欲低下，運動不活発，発育遅延，脱皮異常，繁殖力低下，寿命短縮などの病徴が現れることがある．微胞子虫の1種（*Nosema bombycis*）に感染したカイコ幼虫では，体表面にゴマ状の黒褐色の小斑点が出る場合があり，微粒子病と称される．病徴の発現とともに病勢が緩慢な経過をたどりながら営繭までに大部分の幼虫が死亡する事例が多く，経卵巣伝達による垂直伝播の怖さとあいまって，カイコ繭の作柄に大打撃を与える養蚕業上の病害として恐れられてきた．コガネムシ幼虫やカ幼虫が微胞子虫に感染すると，体内で形成された胞子の集積によって，外見的に淡白色または黄白色を呈するようになる．セイヨウミツバチもまた微胞子虫に感染することが知られているが，微胞子虫病によってコロニー全体が壊滅的な打撃を受けることは少ないため，本病は養蜂業上重要な病害とはみなされていない．ミツバチの微胞子虫病は，微胞子虫病病原体（*N. apis*）によって引き起こされる．発病する時期は，圧倒的に4〜5月頃に多く，その後は急激に低下する傾向がみられる．ミツバチでは働きバチ成虫の中腸だけに感染して増殖し，充満した形成胞子のため白色化する．中腸以外の前・後腸や筋肉には感染しない．また *N. apis* は感染した女王バチから経卵巣伝達されないため，幼虫や蛹も感染しないので，感染経路は働きバチが食下した胞子が中腸に入ることで感染する経口感染のみとされている．感染成虫は飛翔力が弱くなり，腹部もやや軟弱となって，死期を迎えると巣箱を出てから死亡する．

4.4.3　害虫防除に利用される微胞子虫の種類

a．市販されている微胞子虫製剤

　現在，微生物殺虫剤として使用されている微胞子虫は，*Nosema locustae* の1種のみである．これはもともとトノサマバッタの仲間であるアフリカサバクバッタ（*Locusta migratoria*）から分離され，北米大陸の放牧地などにおける

バッタやイナゴ，コオロギ類の防除のための微生物農薬として「Nolobait」や「Noloc」の名前で農薬登録され，市販されている．N. locustae の胞子は人工培地での製造が困難なため，生きているバッタを用いて生産され，回収された胞子は小麦フスマやあるいは小麦フスマ・殺虫剤混合物などに混ぜられた後，散布される．北米では地上散布よりも空中散布が主流になっている．標準的な散布胞子濃度は，2.5×10^9 胞子/ha であり，この施用割合で，バッタ個体群の50～60％まで減少させることができ，生き残った個体でも35～50％の個体が微胞子虫病に感染している．この微胞子虫にバッタ類が感染すると，主に脂肪組織が侵され，そのほかにも神経組織や生殖器官でも増殖する．外部病徴は明瞭に発現しにくく，発育遅延や活動低下，産卵数の減少などがみられる．ひとたび N. locustae を導入した圃場においては，接種後13年間まで効果の持続性があることが示されており，本病の感染拡大は，土壌中に残存する感染個体由来の胞子をはじめ，感染個体の共食い現象や経卵伝達・経卵巣伝達によって幅広く引き起こされるため，N. locustae 胞子導入後，長期にわたって流行病を引き起こすことが期待できる．

b. 利用が期待されている微胞子虫の種類

微胞子虫は偏性細胞内寄生体であるため人工培地では生育できず，生きた宿主細胞でしか増殖できない（Hagler, 2000）．このため大量増殖には生きた多数の宿主昆虫が必要不可欠である．この点でも害虫防除剤への利用としては欠点になっている（岩野, 2000）．したがって，大量増殖に適する微胞子虫の条件としては，まず宿主範囲が広く，しかも宿主昆虫の飼育が容易であること，病原性が強く胞子産出能力が高いこと，保存に対する胞子耐性が強いことなどが求められる（岩野, 1993）．微胞子虫は拡散性や伝播性に富み，宿主域が比較的広いものが多く，経卵巣伝達するので，ひとたび野外害虫個体群内へ導入すると，そこで定着して流行病を長期間にわたって蔓延させることが可能なため，即効的な効果は期待できない場合でも中・長期的防除剤として活用することが可能である．

害虫防除のための資材化研究に用いられている天敵微胞子虫としては，Nosema 属，Vairimorpha 属微胞子虫などがあげられる．これらの属のなかには，宿主域が広く，宿主昆虫に対する病原性が強い種類が含まれているため，微胞子虫を利用した微生物製剤の具現化に向けてさらなる研究の進展が望まれ

表 4.6 微生物製剤として資材化研究が進んでいる微胞子虫

	微胞子虫	標的害虫	実施国
登録されたもの	*Nosema locustae*	バッタ・コオロギ類	アメリカ合衆国
研究中のもの	*N. acridophagus*	バッタ・コオロギ類	アメリカ合衆国
	Vairimorpha necatrix	チョウ目農作物害虫	アメリカ合衆国
	N. furnacalis	アジアアワノメイガ	アメリカ合衆国
	N. pyrausta	ヨーロッパアワノメイガ	アメリカ合衆国
	V. disparis	マイマイガ	アメリカ合衆国
	N.algerae	カ	アメリカ合衆国
	N. fumiferanae	トウヒシントメハマキ	カナダ
	V. kyonggii	アワヨトウ・オオタバコガ	日本
	Nosema sp.	ハスモンヨトウ・オオタバコガ	日本
	Vairimorpha sp.	ハスモンヨトウ	インド
	Octosporea muscaedomesticae	ヒツジクロバエの仲間	オーストラリア

(岩野 (2000) を一部改変)

ている．主な標的害虫は，日本ではハスモンヨトウやオオタバコガなどのチョウ目農作物害虫が対象となるが，海外ではそのほかにもトウモロコシ害虫アワノメイガ，マイマイガやトウヒシントメハマキなどの森林害虫などのほか，衛生害虫にまで防除対象は広範囲に及んでいる（Lewis, 2002）（表 4.6）．

c．数種チョウ目昆虫に対する *Vairimorpha kyonggii* の防除効果

わが国では農作物害虫に対する圃場レベルでの微胞子虫を用いた施用試験例はまだ少ないと思われるが，ここでは数種チョウ目昆虫に対する微胞子虫の1種である *V. kyonggii* を用いた実験室内での試験事例を紹介する．

韓国・京幾道の圃場にて採取されたオオタバコガ成虫由来の微胞子虫株 *V. kyonggii* 胞子（$3.59 \pm 0.27 \times 2.05 \pm 0.19 \mu m$）を用いて，オオタバコガさらにはアワヨトウ，ハスモンヨトウ，カイコの2齢幼虫にそれぞれ $1.0 \times 10^2 \sim 1.0 \times 10^6$ 胞子/頭を接種してその感染性を調査した（表 4.7）．

オオタバコガの場合，胞子接種濃度が 1.0×10^3 胞子以上のときに，70％以上の高い死亡率を示し，ほとんどの個体が羽化せずに幼虫〜蛹期までに死亡した（図 4.9）．わずかに残存した羽化成虫を交配したところ，次世代幼虫へ病気が伝播しており，経卵巣伝達性を確認できた．次にアワヨトウの場合，同濃度で接種20日後には各濃度区の全個体が死亡し，*V. kyonggii* がアワヨトウ幼虫に対して強い感染性を示すことがわかった．ところがハスモンヨトウの場合は，高濃度接種区（$10^5 \sim 10^6$ 胞子/頭）では接種15日後には全個体が死亡した

4.4 微胞子虫

表 4.7 数種チョウ目昆虫に対する *Vairimorpha kyonggii* の感染試験

宿主昆虫	接種濃度 (胞子/頭)	供試頭数	接種後の日数と累積死亡数（死亡率 %）					羽化数 (羽化率 %)
			5	10	15	20	25	
オオタバコガ	1.0×10^6	20	7(35)	13(65)	13(65)	17(85)	20(100)	0(0)
	1.0×10^5	20	0(0)	1(5)	5(25)	12(60)	15(75)	2(10)
	1.0×10^4	20	1(5)	1(5)	6(30)	12(60)	18(90)	2(10)
	1.0×10^3	20	0(0)	0(0)	1(5)	8(40)	14(70)	4(20)
	1.0×10^2	20	0(0)	0(0)	2(10)	4(20)	8(40)	12(60)
	対照区(DW)	20	0(0)	0(0)	0(0)	0(0)	0(0)	20(100)
アワヨトウ	1.0×10^6	20	19(95)	20(100)	20(100)	20(100)	20(100)	0(0)
	1.0×10^5	20	16(80)	20(100)	20(100)	20(100)	20(100)	0(0)
	1.0×10^4	20	9(45)	19(95)	20(100)	20(100)	20(100)	0(0)
	1.0×10^3	20	0(0)	1(5)	16(80)	20(100)	20(100)	0(0)
	1.0×10^2	20	0(0)	1(5)	9(45)	17(85)	19(95)	1(5)
	対照区(DW)	20	0(0)	0(0)	0(0)	0(0)	0(0)	20(100)
ハスモンヨトウ	1.0×10^6	20	4(20)	18(90)	20(100)	20(100)	20(100)	0(0)
	1.0×10^5	20	1(5)	19(95)	20(100)	20(100)	20(100)	0(0)
	1.0×10^4	20	0(0)	0(0)	3(15)	3(15)	4(20)	16(80)
	1.0×10^3	20	0(0)	0(0)	2(10)	2(10)	2(10)	18(90)
	1.0×10^2	20	0(0)	0(0)	0(0)	0(0)	0(0)	20(100)
	対照区(DW)	20	0(0)	0(0)	0(0)	0(0)	1(5)	19(95)
カイコ	1.0×10^6	20	0(0)	0(0)	2(10)	7(14)	10(50)	6(30)
	1.0×10^5	20	0(0)	0(0)	2(10)	5(25)	9(45)	3(15)
	1.0×10^4	20	0(0)	1(5)	1(5)	4(20)	11(55)	3(15)
	1.0×10^3	20	0(0)	0(0)	1(5)	5(25)	7(35)	6(30)
	1.0×10^2	20	0(0)	0(0)	1(5)	2(10)	5(25)	8(40)
	対照区(DW)	20	0(0)	0(0)	0(0)	2(10)	2(10)	18(80)

図 4.9 *Vairimorpha kyonggii* に感染して死亡したオオタバコガ幼虫

ものの，低濃度区では死亡率は低率となり，感染性が低かった．さらにカイコでは，高濃度で接種しても死亡率は他の昆虫よりも際立って低く，カイコ幼虫に対しては感染性が低いことが認められた．このように，*V. kyonggii* は本来の分離宿主であるオオタバコガさらにアワヨトウに対して強い感染力を示したことから，両種の防除用資材として有効であり，今後は圃場レベルでの散布試験など，さらに詳細な試験研究が望まれる．　　　　　　　　　〔岩野秀俊〕

■参考文献

Fast. N. M. and P. J. Keeling（2005）微胞子虫の菌類起源．昆虫と菌類の関係―その生態と進化―（梶村　恒・佐藤大樹・升屋勇人訳，2007）．共立出版，東京，pp. 125-152.

福原敏彦（1991）原虫病．昆虫病理学（増補版）．学会出版センター，東京，pp. 159-176.

Hagler, J. R.（2000）Biological control of insects. In *Insect Pest Management*：*Techniques for environmental protection*（J. E. Rechcigl and N. A. Rechcigl eds.）. CRC Press, Florida, pp. 207-242.

岩野秀俊（1993）天敵微生物の大量増殖方法．天敵微生物の研究手法，植物防疫特別増刊号 No. 2（岡田斉夫ほか編）．(社) 日本植物防疫協会，東京，pp. 122-125.

岩野秀俊（2000）昆虫病原原生動物の資材化．微生物の資材化：研究の最前線（鈴井孝仁・岡田齊夫・国見裕久・牧野孝宏・斎藤雅典・宮下清貴編）．ソフトサイエンス社，東京，pp. 223-228.

Keohane, E. M. and L. M. Weiss（1999）The structure, function, and composition of the microsporidian polar tube. In *The Microsporidia and Microsporidiosis*（M. Wittner and L. M. Weiss eds.）. ASM Press, Washington, D. C., pp. 196-224.

Lewis, L. C.（2002）Protozoan control of pests. In *Encyclopedia of Pest Management*（D. Pimentel ed.）. Marcel Dekker, New York, pp. 673-676.

Tanada, Y. and H.K. Kaya（1993）Protozoan infections:Apicomplexa, Microspora. In *Insect Pathology*. Academic Press, San Diego, pp. 414-458.

4.5　線　　　　虫

　線虫は，線形動物門に属する動物の総称である．深海から高山まで地球上のさまざまな環境に適応する線虫は，多細胞動物では最も個体数が多く，種も昆虫に劣らず多様である．その多くは成虫でも体長 1mm 程度の自活性線虫で土壌中の微生物などを摂食するが，なかには動植物に寄生するものも存在する．本項では，害虫などの生物防除資材として用いられている線虫について記すとともに，農作物に被害を及ぼす植物寄生性線虫を防除するために用いられてい

る微生物資材について紹介する．

4.5.1　昆虫寄生性線虫

　線虫のなかには昆虫とかかわりをもつものが多い．昆虫に便乗し，昆虫を移動手段として一方的に利用するもの，マツノザイセンチュウとマツノマダラカミキリのように相利共生的な関係をもつもの，また，昆虫に寄生するものなどさまざまである．寄生性の線虫としては Mermithida 目や Tylenchida 目の線虫が知られる．シヘンチュウと総称される Mermithida 目の線虫は多くの種類の昆虫から検出され，各線虫種の宿主範囲も広い．絶対寄生性であるシヘンチュウは，基本的には土壌中でふ化した2期幼虫が皮膚から昆虫体内に侵入し，血体腔内で発育して栄養を蓄えた後，幼虫のステージで昆虫から脱出する．幼虫は土壌中で摂食せずに成虫になり，繁殖を行う．シヘンチュウの脱出した宿主昆虫は，脱出直後に死に至る．一方，Tylenchida 目の昆虫寄生性線虫には絶対寄生性および条件寄生性のものがある．いずれの場合も宿主昆虫の血体腔内で増殖するが，条件寄生性の場合は自由生活期に糸状菌を摂食して発育，増殖するものが知られている．シヘンチュウと異なり，それぞれの線虫種の宿主範囲は狭いことから宿主に特化していると考えられる．寄生性線虫が感染することによって，宿主の行動や繁殖力に大きな影響を与えるものも少なくない．キバチに寄生する *Beddingia siricidicola* は昆虫体内でふ化した幼虫が宿主の卵巣内の卵に侵入して不妊化を引き起こすことからキバチの防除に利用され，線虫を利用した生物的防除の一つの成功例である．また，マルハナバチやキイロスズメバチに寄生する *Sphaerularia* 属線虫では，宿主の卵巣に線虫の幼虫が侵入することによって不妊化を引き起こすとともに，異常な営巣行動を引き起こし，その際に線虫はばらまかれる．

4.5.2　昆虫病原性線虫

　現在，生物的防除資材として最も研究が行われている線虫は *Steinernema* 属および *Heterorhabditis* 属の昆虫病原性線虫である．昆虫寄生性に分類されるほとんどの線虫は生きた昆虫宿主内で発育または増殖するのに対し，昆虫病原性と呼ばれる *Steinernema* 属および *Heterorhabditis* 属の線虫はそれぞれ *Xenorhabdus* 属および *Photorhabdus* 属の細菌と非常に特異的な相互依存的共

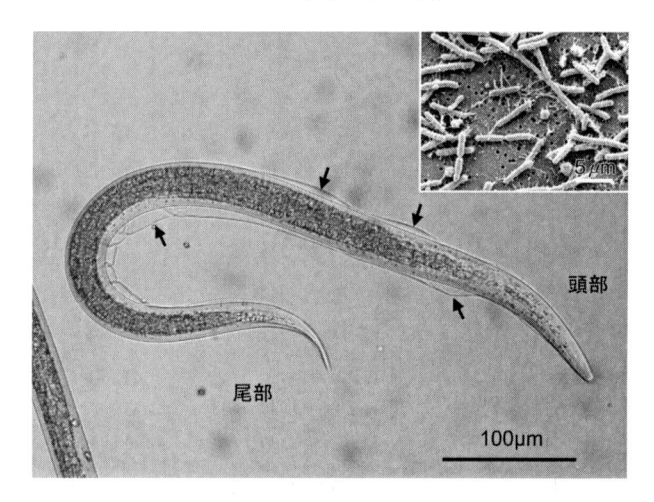

図 4.10 昆虫病原性線虫 *Steinernema carpocapsae* の感染態幼虫と *Xenorhabdus* 属共生細菌（鍬田龍星氏提供）
矢印は被鞘した2期幼虫の表皮を示す．

生関係をもち，共生細菌によって死亡した昆虫死体内で共生細菌などを餌として増殖することに特徴がある．

　感染態幼虫と呼ばれる耐久型（3期）幼虫は腸内に共生細菌を保持し，口や肛門を閉じた絶食状態で数カ月から長いもので1年以上土壌中に生存することが可能である．感染態幼虫は，宿主昆虫に出会うと昆虫の口や肛門などの自然開口部から昆虫体内に侵入する．血体腔に達した線虫は腸内の共生細菌を放出し，共生細菌は昆虫の生体防御反応を抑制しながら，血体腔内で増殖する．その際，さまざまな殺虫因子を産生することによって，宿主昆虫は死に至る．線虫自体は昆虫に対する病原性をほとんどもたず，共生関係にある細菌のもつ病原性に大きく依存する．また，共生細菌の増殖した昆虫死体は細菌食性線虫の一種である昆虫病原性線虫にとっての好適な増殖場所となる．2～3世代経過し，線虫密度の上昇や環境の悪化に伴い，腸内に共生細菌を保持した感染態幼虫が誘導され，再び宿主を求めて土壌中に遊出する．このように線虫は病原性や栄養を共生細菌に依存する一方，自然界では単独で存在できない共生細菌は，線虫の腸内に存在することで外的環境から保護されるとともに，新たな宿主昆虫へ運搬を線虫に依存する．

共生細菌の殺虫メカニズムにはさまざまな因子が複雑に関与する．これまでの研究から，直接殺虫活性をもつものとして toxin complex（Tc）タンパク質などが知られている．Tc タンパク質は Tc ペプチドのヘテロ複合体で分子量が 100 万 kDa にもなる巨大分子であり，昆虫の腸に作用すると考えられている．また，*makes caterpillars floppy*（*mcf*）によってコードされるタンパク質は，宿主昆虫の細胞のアポトーシスを誘導することが知られている．これらのほかにも，直接殺虫活性をもたないものの病原性に関与する物質や遺伝子が報告されている．

4.5.3 植物寄生性線虫の生物的防除

これまで線虫を生物資材として利用した害虫防除の研究について記したが，線虫のなかには植物に寄生し農作物に多大な被害を及ぼすものも存在する．植物寄生性線虫に対する防除手段として主に用いられてきた土壌燻蒸は環境への負荷が大きく，また，土壌中の微生物相などを単純化させてしまうことから，植物寄生性線虫を防除する手段の一つとして，微生物資材が注目されている．

これまでさまざまな微生物資材を用いた研究が行われてきたが，絶対寄生性

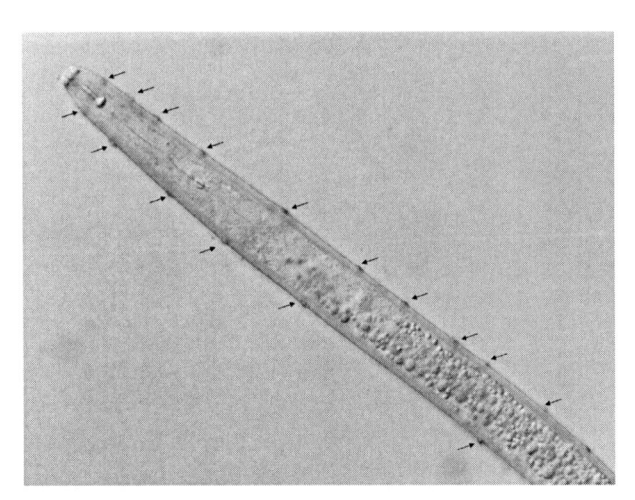

図 4.11 ミナミネグサレセンチュウの体表面に付着したパスツーリア胞子
（立石　靖氏提供）．
矢印は付着したパスツーリア胞子を示す．

のグラム陽性細菌パスツーリア *Pasteuria penetrans* はネコブセンチュウに対する効果が高く、生物農薬として市販されている。パスツーリア胞子はネコブセンチュウの寄生ステージである2期幼虫の体表面に付着する。2期幼虫が根内に侵入し、摂食開始とともに発芽し、菌糸を伸長させ、線虫体内で二また分岐によって分化し、微小コロニーを形成する。線虫は発育を続けるために根にゴールは形成されるもののパスツーリアによって線虫の卵巣発育が抑制される。パスツーリアは線虫体内で増殖し、2×10^6 個もの胞子を形成する。*P. penetrans* 以外にはシストセンチュウに寄生する *P. nishizawae* やネグサレセンチュウに寄生する *P. thoreni* などが知られる。パスツーリアは宿主特異性が非常に高く、同じ線虫種であっても個体群ごとで付着できるパスツーリアの系統が決まっている

パスツーリアのほかにも、不完全菌類の *Lecanicillium* や *Pochonia* 属菌、線虫補足菌などを用いた植物寄生性線虫の生物的防除方法の研究が行われている。今後、このような資材によって植物寄生性線虫の被害を抑制できることが期待される。　　　　　　　　　　　　　　　　　　　　　　　〔吉賀豊司〕

■参考文献

Gaugler, R. (ed) (2002) *Entomopathogenic Nematology*, CABI Publishing, Wallingford.
Grewal, P. S., R.-U. Ehlers and D. I. Shapiro-Ilan (eds.) (2005) *Nematodes as Biocontrol Agents*, CABI Publishing, Wallingford.
Kaya, H. K. and S. P. Stock (1997) Techniques in insect nematology. In *Manual of Techniques in Insect Pathology* (L. Lacey ed.). Academic Press, San Diego. Calif. USA, pp.281-324.
Lacey, L. (ed.) (1997) Techniques in insect nematology. In *Manual of Techniques in Insect Pathology*. Academic Press, San Diego. Calif. USA, pp. 281-324.
真宮靖治 (2003) 昆虫寄生性線虫と昆虫嗜好性線虫. 線虫の生物学 (石橋信義編). 東京大学出版会, 東京, pp.165-180.
線虫学実験法編集委員会編 (2004) 線虫学実験法. 日本線虫学会.
吉田睦浩 (2004) 昆虫病原性線虫. 線虫の見分け方. 日本植物防疫協会, 東京, pp.67-72.
吉賀豊司 (2003) 昆虫病原性線虫と共生細菌. 線虫の生物学 (石橋信義編). 東京大学出版会, 東京, pp.197-209.
吉賀豊司 (2008) 昆虫病原性線虫と細菌の共生. 寄生と共生 (石橋信義・名和行文編). 東海大学出版会, 神奈川, pp.130-152.

索　引

和文索引

ア

アスコウイルス　136
アブラムシ類　41
アフリカサバクバッタ　156
アポトーシス　142
アミノペプチダーゼN　131
アルファルファタコゾウムシ　36
アレロケミカル　86

イクノウイルス　111,135
イサエアヒメコバチ　41,44
囲食膜　74,138,145
イセリアカイガラムシ　5,23,27,32,126
遺伝的浮動　128
異物認識　109

ウイルス粒子　137

永続的利用　4,23
液化　109,140
液性免疫　142
疫病菌　68
餌　77
　――の生息場所への定位　120
　――の捕獲　120
　――への定位　120
餌パッチへの定位　120
エリシター　91
エンドサイトーシス　139
エンベロープ　134

オンシツコナジラミ　6,8,41
オンシツツヤコバチ　6,41,46

カ

飼い殺し捕食寄生者　83,106
外被　134
外部捕食寄生　106
外部捕食寄生者　81
カイロモン　85
化学防除　7
学習　95
核多角体病ウイルス　9,136
隠れ家　26
芽体　155
カダヤシ　119
カドヘリン様タンパク質　131
カミキリ類　148
カリックス細胞　111
顆粒細胞　109
顆粒病ウイルス　9,69,73,136
環境リスク　28,38
感染態幼虫　162

機会的探索　80
機会的探索者　81
気管皮膜細胞　140
寄主制御　106,136
寄主生息場所の発見　84
寄主制約　106
寄主探索　99,101
寄主適合　106
寄主認識　100
寄主発見　85
寄主範囲　82,106
寄主容認　85,106
キャッサバコナカイガラムシ　36
強化　51
狭食性　82

共食性　127
共生細菌　162
極糸　155
ギルド外餌　123
ギルド内餌　123
ギルド内相互作用　122
ギルド内捕食　27,49,123
ギルド内捕食者　123
近親交配　128

ククメリスカブリダニ　45,126
クサカゲロウ　126
クチクラ　147
クチクラ分解酵素　150
組換えウイルス　145
グランドカバープラント　59
クリタマバチ　12

経口感染　69,139,155
蛍光漂白剤　144
経済的被害許容水準　18
系統解析　144
経皮感染　156
経卵巣伝達　155
経卵巣伝達性　155
経卵伝達　155
原生動物　153

後期遺伝子　140
高次寄生者　27,30
高次捕食寄生者　75,84
耕種的防除　17,55
コガネムシ類　148
黒きょう病菌　146
ココナツガ　33
コドリンガ　73

索引

コマユバチ科　136
コレマンアブラバチ　41
昆虫成長制御物質　53
昆虫病原糸状菌　146
昆虫病原線虫　69
昆虫病原微生物　65
コンパニオンプラント　57

サ

細胞死　141
細胞性免疫　109,142
サソリ毒　145
殺傷捕食寄生者　82
雑食　124
殺虫スペクトラム　71
蛹捕食寄生者　82
産卵忌避フェロモン　89
産卵刺激物質　86

ジェネラリスト　78
シグナル伝達　93,113
自然制御　1
シヘンチュウ　161
ジャスモン酸　93,95
種間競争　49
種間相互作用物質　86
出芽型ウイルス　137
条件刺激　98
条件反応　98
初期遺伝子　140
食作用　109,110,142
植食者誘導性植物揮発性物質　84,90,121
シルベストリコバチ　10
新結合理論　7
シンポジオ型分生子　148

垂直伝播　155
水平伝播　155
スペシャリスト　78
スポロプラズム　155

生態的選択性　54
生体防御　142
生体防御システム　109

成虫捕食寄生者　81
生物的防除　2,17
生物農薬　3
接種的放飼　38,68
前胸腺刺激ホルモン　115
選択的農薬　53
線虫　160

総合的生物的防除　52,60
総合的有害生物管理　7,17
相対湿度　45

タ

代替餌　48
タイリクヒメハナカメムシ　45
大量放飼　38,68
タイワンカブトムシ　66
多寄生者　81
多寄生性捕食寄生者　81
多食性天敵　30
ただの虫　63
脱皮ホルモン　108
タマゴコバチ類　8,40,43
タマゴヤドリコバチ科　86,94
単寄生性　81
探索型　80
探索能力　26,44
単食性　82
単食性天敵　28

地域集中型探索　121
チャノコカクモンハマキ　69,86
チャハマキ　69
チュウゴクオナガコバチ　12
チリカブリダニ　8,12,42

ディジェネランスカブリダニ　45
テラトサイト　113
転写因子　110
天敵　1
天敵からの解放仮説　2,23
天敵の隠れ家　59

天敵微生物　65
伝統的生物的防除　4,23,65
テントウムシ　126
伝播　69

毒液　113
土着天敵　2〜4,9
土着天敵保護による生物的防除　51
共食い　123,127

ナ

内的自然増加率　35,44
内部捕食寄生　109
内部捕食寄生者　81
ナミハダニ　8

二次害虫の顕在化　54
二次寄生者　75
乳化病菌　129,133

ヌクレオカプシド　137

農薬登録　129

ハ

バキュロウイルス　136
パスツーリア　164
ハダニ類　42
パッチ　120
ハマキコウラコマユバチ　86,99
ハモグリコマユバチ　41,44
ハモグリバエ類　41
ハモグリミドリヒメコバチ　41
バンカープラント　47,57
バンカープラント法　47

被害植物の匂い　121
非条件刺激　98
微生物資材　65
微生物農薬　65
非選択的農薬　52
微胞子虫病　153

索引

微胞子虫類　153
ヒメバチ科　136
ヒメハナカメムシ　126
病原体　77
病原微生物　77
ビリオン　137
非連合学習　96

フィアロ型分生子　148
フェノール酸化酵素　142,151
不耕起栽培　55
付着器　150,151
物理的防除　17
ブラコウイルス　111,135
プラズマ細胞　109
分生子　148

ベダリアテントウ　4,23,32,120,126
偏性細胞内寄生体　153

包囲作用　109,110,142
放飼増強法　4,38,68
防除暦　19
包埋型ウイルス　137

包埋体　136
保護　51
捕食　77
捕食寄生者　77,80
捕食者　41,77,119
捕食性天敵　6
ポリドナウイルス　111,136

マ

マイマイガ　67
待ち伏せ型　80
マツノザイセンチュウ　161
マツノマダラカミキリ　161
マメコガネ　6

ミカントゲコナジラミ　10
ミトコンドリア　154

メタ個体群　26

ヤ

ヤノネカイガラムシ　11,34
ヤノネキイロコバチ　11,35
ヤノネツヤコバチ　11,35

有害生物　2
有機JAS農作物　130
有性生殖世代　147
誘導多発生　17,54
油剤　152

幼若ホルモン　115
幼若ホルモンエステラーゼ　115
幼虫捕食寄生者　82
要防除密度　18

ラ

卵捕食寄生者　82

リサージェンス　54
リフュージ　59

ルビーアカヤドリコバチ　11,34
ルビーロウカイガラムシ　11
ルビーロウムシ　34

連合学習　96,100,102

欧文索引

A

Aleurocanthus spiniferus　10
Aniceuts beneficus　11
Aphytis yanonensis　11,35
Ascogaster reticulata　86,99
AT(action threshold)　18

B

Bacillus sphaericus　131
Bacillus thuringiensis　6,9,68,129
Bacillus thuringiensis serovar *israelensis*　131
Beauveria bassiana　9,147,148

Beauveria brogniartii　147,148
blastospore　151
BT製剤　69,128
BT製剤抵抗性　131
BV(budded virus)　111,137

C

Caroplastes rubens　11
Coccobius fulvus　11
CR(conditional response)　98
cry遺伝子　130
CS(conditional stimulus)　98
CT(control threshold)　18

D

DDT　6
Dryocosmus kuriphilus　12

E

Encarsia formosa　6
Encarsia smithi　10
Entomophaga maimaiga　67
ET(economic threshold)　18

G

Gambusia affinis　119
Gilpinia hercyniae　7,66
GV(granulovirus)　136

H

Heterorhabditis 属　161
HIPV (herbivore-induced plant volatiles)　84, 90, 121
hunter　81

I

IBC (integrated biological control)　52
Icerya purchasi　6
IGP (intraguild predation)　27
IGR 剤　53
IPM (integrated pest management)　17, 18, 71
IV (ichnovirus)　111

J

JH (juvenile hormone)　115
JHE (juvenile hormone esterase)　115

L

Lecanicillium (*Verticillium*) *lacanii*　149
Levuana iridescens　33
Locusta migratoria　156
Lymantria dispar　67

M

Mermithida 目　161
Metarhizium anisopliae　6, 9, 146

N

NF-kB　113
Nosema locustae　156
Nosema 属　157
NPV (nucleopolyhedrovirus)　136

O

ODV (occlusion derived virus)　137
Oryctes virus　66

P

Paecilomyces fumosoroseus　147, 149
Paenibacillus popilliae　129
Pasteuria penetrans　164
PDV (Polydnavirus)　111, 136
Photorhabdus 属　162
Physcus fulvus　35
Phytoseiulus persimilis　8
Popillia japonica　6
proovigenic　104
PTTH (prothoracico tropic hormone)　115

R

RH (relative humidity)　45
Rodolia cardinalis　6

S

Steinernema 属　161
synovigenic　100

T

Tetranychus urticae　8
Torymus sinensis　12
Trialeurodes vaporariorum　6
Trichogramma 属　40, 86
Trichogramma 属卵寄生蜂　8

U

Unaspis yanonensis　11
US (unconditional stimulus)　98

V

Vairimorpha 属　157
Verticillium lecanii　9

X

Xenorhabdus 属　162

編集者略歴

仲井 まどか
1964 年　兵庫県に生まれる
1997 年　東京農工大学大学院連合農学
　　　　研究科博士課程修了
現　在　東京農工大学大学院共生科学
　　　　技術研究院・准教授
　　　　博士（農学）

大野 和朗
1955 年　鹿児島県に生まれる
1987 年　九州大学大学院農学研究科博士
　　　　課程退学
現　在　宮崎大学農学部食料生産科学科・
　　　　准教授
　　　　農学博士

田中 利治
1949 年　東京都に生まれる
1986 年　京都大学大学院理学研究科博士
　　　　課程修了
現　在　名古屋大学大学院生命農学
　　　　研究科・教授
　　　　理学博士

バイオロジカル・コントロール
―害虫管理と天敵の生物学―

定価はカバーに表示

2009 年 3 月 30 日　初版第 1 刷
2017 年 12 月 25 日　　第 5 刷

編集者　仲井　まどか
　　　　大　野　和　朗
　　　　田　中　利　治
発行者　朝　倉　誠　造
発行所　株式会社　朝倉書店
　　　　東京都新宿区新小川町 6-29
　　　　郵便番号　162-8707
　　　　電話 03(3260)0141
　　　　FAX 03(3260)0180
　　　　http://www.asakura.co.jp

〈検印省略〉

ⓒ 2009 〈無断複写・転載を禁ず〉　　真興社・渡辺製本

ISBN 978-4-254-42034-0　C 3061　　Printed in Japan

JCOPY　〈(社)出版者著作権管理機構　委託出版物〉

本書の無断複写は著作権法上での例外を除き禁じられています．複写される場合は，そのつど事前に，(社)出版者著作権管理機構（電話 03-3513-6969，FAX 03-3513-6979, e-mail: info@jcopy.or.jp）の許諾を得てください．

好評の事典・辞典・ハンドブック

火山の事典（第2版） 　　　下鶴大輔ほか 編　B5判 592頁
津波の事典 　　　首藤伸夫ほか 編　A5判 368頁
気象ハンドブック（第3版） 　　　新田 尚ほか 編　B5判 1032頁
恐竜イラスト百科事典 　　　小畠郁生 監訳　A4判 260頁
古生物学事典（第2版） 　　　日本古生物学会 編　B5判 584頁
地理情報技術ハンドブック 　　　高阪宏行 著　A5判 512頁
地理情報科学事典 　　　地理情報システム学会 編　A5判 548頁
微生物の事典 　　　渡邉 信ほか 編　B5判 752頁
植物の百科事典 　　　石井龍一ほか 編　B5判 560頁
生物の事典 　　　石原勝敏ほか 編　B5判 560頁
環境緑化の事典 　　　日本緑化工学会 編　B5判 496頁
環境化学の事典 　　　指宿堯嗣ほか 編　A5判 468頁
野生動物保護の事典 　　　野生生物保護学会 編　B5判 792頁
昆虫学大事典 　　　三橋 淳 編　B5判 1220頁
植物栄養・肥料の事典 　　　植物栄養・肥料の事典編集委員会 編　A5判 720頁
農芸化学の事典 　　　鈴木昭憲ほか 編　B5判 904頁
木の大百科［解説編］・［写真編］ 　　　平井信二 著　B5判 1208頁
果実の事典 　　　杉浦 明ほか 編　A5判 636頁
きのこハンドブック 　　　衣川堅二郎ほか 編　A5判 472頁
森林の百科 　　　鈴木和夫ほか 編　A5判 756頁
水産大百科事典 　　　水産総合研究センター 編　B5判 808頁

価格・概要等は小社ホームページをご覧ください．